村镇供水行业专业技术人员技能培训丛书

供水水质检测2

水质指标检测方法

夏宏生 主编

中国水利水电出版社
www.waterpub.com.cn

内 容 提 要

　　本书是村镇供水行业专业技术人员技能培训丛书的第一系列《供水水质检测》的第二分册，介绍了供水水质检测中的水质指标检测方法。全书共分为3章，包括：水质、水质指标与水质标准，水质检测方法和村镇供水水质检测实验室管理。

　　本书内容既简洁又不失完整性，通俗易懂，深入浅出，非常适合村镇供水从业人员阅读学习。本书可作为职业资格考核鉴定的培训学习用书，也可作为村镇供水从业人员岗位学习的参考书。

图书在版编目（C I P）数据

供水水质检测. 2，水质指标检测方法 / 夏宏生主编
. -- 北京：中国水利水电出版社，2014.12
（村镇供水行业专业技术人员技能培训丛书）
ISBN 978-7-5170-2754-6

Ⅰ．①供… Ⅱ．①夏… Ⅲ．①给水处理－水质指标－水质分析 Ⅳ．①TU991.21

中国版本图书馆CIP数据核字(2014)第303546号

书　名	村镇供水行业专业技术人员技能培训丛书 供水水质检测2　水质指标检测方法	
作　者	夏宏生　主编	
出版发行	中国水利水电出版社 （北京市海淀区玉渊潭南路1号D座　100038） 网址：www.waterpub.com.cn E-mail：sales@waterpub.com.cn 电话：(010) 68367658（发行部）	
经　售	北京科水图书销售中心（零售） 电话：(010) 88383994、63202643、68545874 全国各地新华书店和相关出版物销售网点	
排　版	中国水利水电出版社微机排版中心	
印　刷	北京嘉恒彩色印刷有限责任公司	
规　格	140mm×203mm　32开本　4.625印张　124千字	
版　次	2014年12月第1版　2014年12月第1次印刷	
印　数	0001—3000册	
定　价	18.00元	

《村镇供水行业专业技术人员技能培训丛书》

编写委员会

主　任： 刘　敏

副主任： 江　洧　胡振才

编委会成员： 黄其忠　凌　刚　邱国强　曾志军
　　　　　　　陈燕国　贾建业　张芳枝　夏宏生
　　　　　　　赵奎霞　兰　冰　朱官平　尹六寓
　　　　　　　庄中霞　危加阳　张竹仙　钟　雯
　　　　　　　滕云志　曾　文

项目责任人： 张　云　谭　渊

培训丛书主编： 夏宏生

《供水水质检测》主编： 夏宏生

《供水水质净化》主编： 赵奎霞

《供水管道工》主编： 尹六寓

《供水机电运行与维护》主编： 庄中霞

《供水站综合管理员》主编： 危加阳

序

　　近年来，各级政府和行业主管部门投入了大量人力、物力和财力建设农村饮水安全工程，而提高农村供水从业人员的专业技术和管理水平，是使上述工程发挥投资效益、可持续发展的关键措施。目前，各地乃至全国都在开展相关的培训工作，旨在以此方式提高基层供水单位的运行及管理的专业化水平。

　　与城市集中式供水相比，农村集中式供水是一项新型的、方兴未艾的事业，急需大量的、各层次的懂技术、会管理的专业人才，而基层人员又是重要的基础和保证。本丛书的编者们结合工程实践、提炼技术关键、总结管理经验，认真分析基层供水行业技术和管理人员的基础知识和认知能力，依据农村供水行业各工种岗位应知应会的要求，编写了这套由浅入深、图文并茂、通俗易懂、操作指导性强的系列丛书，以方便农村供水从业人员在日常工作中学习、查阅和操作。该丛书按照工种岗位职业资格标准编写，体现出了职业性、实用性、通俗性和前瞻性，可作为相关部门和企业定岗考核的重要参考依据，也可供各地行业主管部门作为培训的参考资料。

　　本丛书的出版是对我国现有农村供水行业读物的

一个新的补充和有益尝试，我从事农村饮水安全事业多年，能看到这样的读物出版，甚为欣慰，故以此为序。

2013 年 5 月

前　言

　　我国村镇集中式供水与城市供水相比是一项新兴的事业，开展村镇供水行业技术人员的培训是提高村镇供水从业人员技术和管理能力，推进在村镇供水行业中有步骤开展职业资格证制度的一项重要基础性工作。在总结广东省村镇供水行业技术人员培训工作和对现有村镇供水培训教材调研的基础上，编写一套针对性强，方便学习、查阅和指导日常操作的培训丛书是十分必要和迫切的。在广东省水利厅的大力支持下，组织有关专家编写了本套《村镇供水行业专业技术人员技能培训丛书》，以满足村镇供水从业人员技能培训和职业技能鉴定的需要。丛书以工种岗位职业资格标准为大纲，体现职业性、实用性、通俗性和前瞻性。

　　本丛书共包括《供水水质检测》、《供水水质净化》、《供水管道工》、《供水机电运行与维护》、《供水站综合管理员》等5个系列，每个系列又包括1~3本分册。丛书内容简明扼要、深入浅出、图文并茂、通俗易懂，具有易读、易记和易查的特点，非常适合村镇供水行业从业人员阅读和学习。丛书可作为培训考证的学习用书，也可作为从业人员岗位学习的参考书。

　　本丛书的出版是对现有村镇供水行业培训教材的一

个新的补充和尝试，如能得到广大读者的喜爱和同行的认可，将使我们倍感欣慰、备受鼓舞。

村镇供水从其管理和运行模式的角度来看是供水行业的一种新类型，因此编写本套丛书是一种尝试和挑战。在编写过程中，在邀请供水行业专家参与编写的基础上，还特别邀请了村镇供水的技术负责人与技术骨干担任丛书评审人员。由于对村镇供水行业从业人员认知能力的把握还需要不断提高，书中难免还有很多不足之处，恳请同行和读者提出宝贵意见，使培训丛书在使用中不断提高和日臻完善。

丛书编委会

2013 年 5 月

目　录

第1章 水质、水质指标与水质标准

1.1 水质指标

1. 什么是水质指标

水质是指水及其中杂质共同表现的综合特性。水质指标表示水中杂质的种类和数量，而生活饮用水水质指标则是表示生活饮用水中杂质的种类和数量，例如 pH 值、浊度、硬度、细菌总数等都是生活饮用水的水质指标。

2. 水质指标分类

（1）物理指标。

1）水温。水的物理化学性质与水温有密切关系。水中溶解性气体（如 O_2、CO_2 等）的溶解度、水中生物和微生物活动、盐度、pH 值以及碳酸钙饱和度等都受水温变化的影响。水温是现场观测的水质指标之一。

2）臭味和臭阈值。纯净的水无臭无味，含有杂质的水通常有味。无臭无味的水虽不能保证是安全的，但是饮水者对水质的起码信任。饮用水要求不得有异臭异味。臭是检验原水和处理水质必测项目之一。检验水中臭味可用文字描述法和臭阈值法检验，文字描述法采用臭强度报告，臭强度可用无、微弱、弱、明显、强和很强 6 个等级描述。而臭阈值是水样用无臭水稀释到闻出最低可辨别的臭气浓度的稀释倍数。规定饮用水的臭阈值不大于 2，臭阈值是评价处理效果和追查污染源的一种手段。

3）颜色和色度。纯净的水无色透明，混有杂质的水一般有色不透明。例如，天然水中含有黄腐酸（又称富里酸）而呈黄褐色，含有藻类的水呈绿色或褐色；工业废水由于受到不同物质的污染，颜色各异。水中呈色的杂质可处于悬浮态、胶体或溶解状态，有颜色的水可用表色和真色来描述。

表色：包括悬浮杂质在内的 3 种状态所构成的水色为"表色"。测定的是未经静置沉淀或离心的原始水样的颜色，只用定性文字描述。如废水和污水的颜色呈淡黄色、黄色、棕色、绿色、紫色等。当然，对含有泥土或其他分散很细的悬浮物水样，虽经适当预处理仍不透明时，可以只测表色。

真色：除去悬浮杂质后的水，由胶体及溶解杂质所造成的颜色称为真色。水质分析中一般对天然水和饮用水的真色进行定量测定。并以色度作为一项水质指标，是水样的光学性质的反映。饮用水在颜色上加以限制，规定色度不大于 15 度。

颜色的测定：测定较清洁水样，如天然水和饮用水的色度，可用铂钴标准比色法和铬钴比色法。如水样较浑浊，可事先静置澄清或离心分离除去浑浊物质后，进行测定，但不得用滤纸过滤。水的颜色往往随 pH 值的改变而不同，因此测定时必须注明 pH 值。

测定受工业污染的地面水和工业废水的颜色，除用文字描述法外，还可采用稀释倍数法和分光光度法测定。

4）浊度。表示水中含有悬浮及胶体状态的杂质，引起水的浑浊程度，并以浊度作单位，是天然水和饮用水的一项重要水质指标。这种浑浊对水的透明有影响，当浑浊度较高时，将引起水中生物生态发生变化。如浑浊来自生活污水和工业废水的排放则往往是有害的。地面水常含有泥沙、黏土、有机质、微生物、浮游生物以及无机物等悬浮物质而呈浑浊状态；如黄河、长江、海河等主要大河水都比较浑浊，其中黄河是典型的高浊度水河流。地下水比较清澈透明，浊度很小，往往水中 Fe^{2+} 被氧化后生成 Fe^{3+}，使水呈黄色浑浊状态；生活污水和工业废水中含有各种有机物、无机物杂质，尤其悬浮状态污染物含量较大，因而大多数是相当浑浊，一般只作不可滤残渣测定而不作浊度测定。

水中不可滤残渣（悬浮物质）对光线透过时所发生的阻碍程度，也是水样的光学性质的反映；与该物质在水中的含量以及颗粒大小、形状和表面反射性能有关，因此浊度与以 mg/L 表示的不可虑残渣（悬浮物质）的含量有关。水中浊度是水可能受到污染的重要标志之一。浊度也是自来水厂处理设备选型和设计的重要参数，是水厂运行和投药量的重要控制标准，尤其用化学法处理饮用水或废水时，有时用浊度来控制化学药剂的投加量。

5）残渣。残渣分为总残渣（也称总固体）、总可滤残渣（又称溶解性总固体）和总不可滤残渣（又称悬浮物）3 种。残渣在许多方面对水和排出水的水质有不利影响。残渣含量高的水，一般不适于饮用，偶尔饮用可能会引起不适的生理反应，高度矿化的水对许多工业用水也不适用。

6）电导率。电导率又称比电导。电导率表示水溶液传导电流的能力。它可间接表示水中可滤残渣（即溶解性固体）的相对含量。通常用于检验蒸馏水、去离子水或高纯水的纯度、监测水质受污染情况以及用于锅炉水和纯水制备中的自动控制等。电导率的标准单位是西门子/米（S/m），多数水样的电导率很低，所以，一般实际使用单位为毫西门子/米（mS/m），1mS/m 相当于 $10\mu\Omega/cm$（微欧姆/厘米），单位间的互换关系是：1mS/m＝0.01mS/cm＝$10\mu\Omega/cm$＝$10\mu S/cm$，电导率用电导率仪测定。

7）紫外吸光度值。由于生活污水、工业废水，尤其石油废水的排放，天然水中含有许多有机污染物。这些污染物，尤其含有芳香烃和双键或羰基的共轭体系，在紫外光区都有强烈吸收。对特定水系来说，其所含物质组成一般变化不大，所以，利用紫外吸光度作为新的评价水质有机物污染综合指标。

8）氧化还原电位。氧化还原电位（ORP）是水体中多种氧化物质与还原物质进行氧化还原反应的综合指标之一，其单位用毫伏（mV）表示。在水处理尤其废水生物处理中越来越受到重视。已经证明 ORP 是厌氧消化过程中一个较为理想的过程控制参数。20 世纪 80 年代之后，人们发现 ORP 在脱氮（N）除磷（P）过程中起到重要的指示作用。近年来，在好氧活性污泥法降解含碳有机物过程中，已有用 ORP 的数值或变化率作为反应时间的计算机控制参数的研究，例如，在间歇式活性泥法（SBR）处理石油废水过程中，以ORP的数值或变化率作为反应时间控制参数的应用研究已取得一定进展。

（2）微生物指标。

水中微生物指标主要有细菌总数、大肠菌群等。

1）细菌总数。指1ml水样在营养琼脂培养基中，于37℃培养24h后，所生长细菌菌落的总数。水中细菌总数用来判断饮用水、水源水、地面水等污染程度的标志。我国饮用水中规定菌落总数≤100CFU/ml。

2）大肠菌群。大肠菌群可采用多管发酵法、滤膜法和延迟培养法测定。我国饮用水中规定大肠菌群不大于3个/L。

3）游离性余氯。余氯为消毒指标，水液氯消毒中，氯化解成游离性有效氯：

$$Cl_2 + H_2O \Longleftrightarrow HOCl + H^+ + Cl^-$$
$$HOCl \Longleftrightarrow H^+ + OCl^-$$

HOCl和OCl⁻比例与水pH值有关。饮用水余氯消毒之后剩余的游离性有效氯为游离性余氯。可采用碘量法、N，N-二乙基对苯二胺-硫酸亚铁铵滴定法和N，N-二乙基对苯二胺（DPD）光度法测定。《生活饮用水卫生标准》（GB 5749—2006）规定：集中式给水出厂水游离性余氯不低于0.3mg/L，管网末梢水不应低于0.05mg/L。

4）二氧化氯（ClO_2）。二氧化氯（ClO_2）为消毒指标，出厂水限值为0.8mg/L，集中式给水厂水余量不低于0.1mg/L，管网末梢水不低于0.021mg/L。

（3）化学指标。

天然水和一般清洁水中最主要的离子成分有阳离子：Ca^{2+}、Mg^{2+}、Na^+、K^+；阴离子：HCO_3^-、SO_4^{2-}、Cl^- 和 SiO_3^{2-} 等八大基本离子，再加上量虽少但起重要作用的 H^+、OH^-、CO_3^{2-}、NO_3^- 等，可以反映出水中离子的基本概况。而污染较严重的天然水、生活污水、工业废水可看作在此基础上又增加了杂质成分。表示水中杂质及污染物的化学成分和特性的综合性指标，主要有 pH 值、酸度、碱度、硬度、酸根、总含盐量、高锰酸盐指数、UVA、TOC、COD、DO、TOD 等。

1）pH 值。水的 pH 值是溶液中氢离子浓度或活度的负对数，pH 值 $= -\lg\,[H^+]$。表示水中酸、碱的强度，是常用的水质指标之一。pH 值 $=7$，水呈中性；pH 值 <7，水呈酸性；pH 值 >7，水呈碱性。pH 值在水的化学混凝、消毒、软化、除盐、水质稳定、腐蚀控制及生物化学处理、污泥脱水等过程中是重要因素和指标，对水中有毒物质的毒性和一些重金属络合物结构等都有重要影响。pH 值通常采用比色法或电位法测定。

2）酸度和碱度。酸度和碱度都是水的一种综合特性的度量，酸度和碱度均采用酸碱指示剂滴定法或点位滴定法测定。

3）硬度。水的硬度一般定义为 Ca^{2+}、Mg^{2+} 的总量。包括总硬度、碳酸盐硬度和非碳酸盐硬度。

由 $Ca(HCO_3)_2$ 和 $Mg(HCO_3)_2$ 及 $MgCO_3$ 形成的硬度为碳酸盐硬度，又称暂时硬度，因这些盐类煮沸后就分解形成沉淀。由 $CaSO_4$、$MgSO_4$、$CaCl_2$、$MgCl_2$、$CaSiO_3$、$Ca(NO_3)_2$ 和 $Mg(NO_3)_2$ 等形成的硬度为非碳酸盐硬度，又称永久硬度，在常压下沸腾，体积不变时，它们不生成沉淀。

硬度的单位除以 mg/L（以 $CaCO_3$ 计）表示外，还常用 mmol/L、德国硬度、法国硬度表示。我国和世界其他许多国家习惯上采用的是德国度（简称"度"）。

4）总含盐量。总含盐量又称全盐量，也称矿化度。表示水中各种盐类的总和，也就是水中全部阳离子和阴离子的总量。总含盐量与总可滤残渣在数值上的关系是：

$$总含盐量 = 总可滤残渣 + \frac{1}{2}HCO_3^-$$

（4）有机污染物综合指标。

由于生活污水和工业废水的排放，使水体中的有机物含量逐渐增加，如果不加大水环境污染治理力度和进行有效控制，大量有机物排入水体后，在微生物的作用下发生氧化分解反应，消耗水中的溶解氧；同时使藻类和水中微生物迅速增殖，使水中溶解氧进一步下降；如天然水体中 DO 小于 $5mgO_2/L$ 时，鱼类开始死亡，DO 小于 $1\sim2mgO_2/L$ 时，所有水生生物（包括好氧菌）都难以生存。此时，厌氧菌繁殖，继续分解有机物，由于严重缺氧导致水生生物大量死亡，而使水变黑发臭。含有大量有机物的废水，不但使水质恶化，污染环境，而且也会危害人类健康。因此，控制有机废水的排放是至关重要的。

目前，有机物已达几百万种，在有毒有害物质中，有机物约占 2/3 左右。采用仪器分析法和化学分析法在水中已检测出上百种有机污染物，但是对它们一一定量，仍有一定困难。因此，采用有机物污染综合指标评价水质很有实际意义。有机物污染综合指标能反映水中有机物的相对含量和总污染程度。这些综合指标主要有高锰酸盐指数、化学需氧量（COD）、生物化学需氧量（BOD_5^{20}）、总有机碳（TOC）、总需氧量（TOD）和紫外吸光度（UVA）等。

1）高锰酸盐指数、生物化学需氧量（BOD_5^{20}）、化学需氧量（COD）及其关系。高锰酸盐指数、化学需氧量（COD）和生物化学需氧量（BOD_5^{20}）都是间接地表示水中有机物污染的综合指标。高锰酸盐指数和 COD 是在规定条件下，水中有机物被 $KMnO_4$、$K_2Cr_2O_7$ 氧化所需的氧量（mgO_2/L）；BOD_5^{20} 是在有溶解氧的条件下，水中可分解有机物被微生物氧化分解所需的氧量（mgO_2/L）。这些指标的测定值都没有直接表示出污染物质的组成和数量，并且测定受试剂浓度、H^+ 浓度、温度、时间等条件影响，测定时间也较长。

比较而言，高锰酸盐指数的测定需时最短，但 $KMnO_4$ 对有机物的氧化率低，所以只能应用于较清洁的水，并且不能反映出微生物所能氧化的有机物的量。

COD 几乎可以表示出有机物全部氧化所需的氧量。对大部分有机物，$K_2Cr_2O_7$ 的氧化率在 90% 以上。它的测定不受废水水质的限制，并且在 2~3h 内即能完成，但是它也不能反映被微生物所能氧化分解的有机物的量。

BOD_5^{20} 反映了被微生物氧化分解的有机物量，但由于微生物的氧化能力有限，不能将有机物全部氧化，其测定值低于 COD，由于测定时间太长（5d），不能及时指导生产实践，此外还较难适用于毒性强的废水。

尽管高锰酸盐指数、COD、BOD_5^{20} 都是间接表示水中有机物污染综合指标，不能全面地反映水体中被有机物污染的真实程度，只能表示水中有机物的相对数量，并且应用范围还有一定局限性，但在目前仍是重要的水质分析方法和水污染控制的评价参数。

通常来说，对未受到工业废水严重污染的水体、城市污水和工业废水，有机物在一般条件下多具有良好的生物降解性。测定确能反映出有机物污染的程度和处理效果。如无条件或受水质限制而不能作 BOD_5^{20} 测定时，可以测 COD。

2）总有机碳（TOC）。总有机碳（TOC）是以碳的含量表示水体中有机物总量的综合指标，单位为 mgC/L。由于 TOC 的测定采用燃烧法，因此能将有机物全部氧化，它比 BOD 或 COD 更能直接表示有机物的总量。因此，常常被用来评价水体中有机物污染的程度。近年来，国内外已研制出各种类型的 TOC 分析仪。按工作原理不同，可分为燃烧氧化—非分散红外吸收法、电导法、气相色谱法、湿法氧化—非分散红外吸收法等。其中燃烧氧化—非分散红外吸收法流程简单、重现性好、灵敏度高、只需一次性转化，因此这种 TOC 分析仪被广泛应用。

3）总需氧量（TOD）。总需氧量（TOD）是指水中有机物和还原性无机物经过燃烧变成稳定的氧化物时的需氧量，单位为 mgO_2/L。

水样中有机物在燃烧过程中所需的氧气由硅胶渗透管提供（来源于空气），并以氮气作为载气。一定量的水样含有一定浓度的氧气，以氮气作为载气，自动注入内填铂催化剂的高温石英燃烧管，在 900℃ 条件下，瞬间燃烧氧化分解，有机物中氢变成水，碳变成 CO_2。氮变成氮氧化物，硫变成 SO_2，金属离子变成氧化物。由于氧被消耗，供燃烧用的气体中氧的浓度降低，经氧燃料电池测定气体载体中氧的降低量，测得结果在记录仪上以波峰形式显示。

TOD 测定中的标准溶液用邻苯二甲酸氢钾配制，绘制出工作曲线，根据试样的波峰高度，由工作曲线求出试样的 TOD 值。

总而言之，水中有机物污染综合指标高锰酸盐指数、COD、BOD_5^{20}、TOC 和 TOD 都可以作为评价水处理效果和控制水质污染，以及评价水体中有机物污染程度的重要参数。由于高锰酸盐指数、COD、BOD_5^{20} 不能全面地反映水体中被有机物污染的真实程度，而总有机碳（TOC）、总需氧量（TOD）能够较准确地测出水体中需氧物质的总量，且氧化较完全，操作简便，效率高，数据可靠；可以自动、连续测定，能及时控制测定的要求和反映水体污染情况；可以达到对水体中有机物的自动、快速监测和及时控制的目的，具有明显的优越性。因此，随着 TOC 和 TOD 分析仪的普及，TOC 和 TOD 将逐步取代其他几项综合指标。

4）紫外吸光度（UVA）——水中有机污染物的新综合指标。

紫外吸外光度（UVA）水中有机物污染指标主要由化学需氧量（COD）和生物化学需氧量（BOD）来表示。近年来，又常采用总有机碳（TOC）、总需氧量（TOD）来表示。在公共水域的污染物总量控制中，有的采用 TOD 作为控制指标，用 TOC 作为参考指标，并用来控制总碳量和验证杂质对 TOD 的影响。TOC 和 TOD 两者配合使用有助于了解水质瞬间变化实况。但是，由于水中无机物对测定的干扰尚未完全解决，因此，TOC、TOD 还不能完全代替 COD 和 BOD。应该指出，上述表示方法，由于水的种类、操作方法、氧化剂种类不同而得到不同值。尤其对低浓度的有机污染物的分析测量往往产生一些困难。而采用紫外吸光度（UVA）作为新的有机物污染综合指标将具有普遍意义。

由于生活污水、工业废水，特别是石油废水的排放，使天然水体中含有许多有机污染物，这些有机污染物，特别是含有芳香烃和双键或羰基的共轭体系等有机物，在紫外光区都有强烈吸收，其吸光度的大小可以间接反映水中有机物的污染程度。对特定水系来说，其所含物质组成一般变化不大，可用紫外吸光度作为评价水质有机物污染的综合指标。因此，紫外吸光度（UVA）可作为 COD、BOD、TOC 等到的替代指标，成为水中有机物污染综合指标之一。

（5）放射性指标。

水中放射性物质主要来源于天然和人工核素两方面。这些物质产生了 α、β 及 γ 放射性。随着放射性物质在核科学及其动力发展在工业、农业、医学等方面的广泛使用，给环境也带来一些放射性污染。必须注意防护，并引起高度警戒。放射性物质除引起外照射（如 γ 射线）外，还会通过饮水、呼吸和皮肤接触进入人体内，引起内照射（如 α、β 射线），导致放射性损伤、病变甚至死亡。因此，我国饮用水规定 α 放射性强度不得大于 0.1 贝可/升（0.1Bq/L），β 放射性强度不得大于 1Bq/L。测定水中 α 和 β 放射性强度用低本底 α、β 测量仪测定。

3. 生活饮用水水质指标

（1）生活饮用水水质指标概况。

水质常规指标包括微生物指标、毒理指标、感官性状和一般化学指标、放射性指标（共 38 项）；消毒剂常规指标（共 4 项）；非常规指标包括微生物指标、毒理指标、感官性状和一般化学指标（共 64 项）详见《生活饮用水卫生标准》（GB 5749—2006）。

（2）村镇供水必测水质指标包括：色度、浑浊度、臭和味、肉眼可见物、pH 值、铁、锰、氯化物、硫酸盐、溶解性总固体、总硬度、耗氧量、氨氮；砷、氟化物、硝酸盐、铅、汞、镉、铬；菌落总数、总大肠菌群、耐热大肠菌群；游离余氯、二氧化氯、臭氧等。

（3）常规指标的理解。

1）色度。水的色度是对天然水或处理后的各种水进行颜色定量测定时的指标。

来源：天然水经常显示出浅黄、浅褐或黄绿等不同的颜色。这些颜色分为真色与表色。真色是溶于水的腐殖质、有机或无机物质所造成。当水体受到工业废水的污染时也会呈现不同的颜色。表色是没有除去水中悬浮物时产生的颜色。

监测意义：是评价感官质量的重要指标。一般来讲，水中带色物质本身没有明显的健康危害，色度在卫生上意义不是很大。主要是考虑不应引起感官上的不快。

2）浑浊度。浑浊度表示水中含有悬浮及胶体状态的杂质，引起水的浑浊程度，并以浊度作为单位。

来源：天然水的浑浊度是由于水中含有泥沙、黏土、细微的有机物和无机物、可溶性带色有机物以及浮游生物和其他微生物等细微的悬浮物所造成。

超标危害：当浑浊度为 10 度时，会感到水质混浊。造成某些化学物质和细菌、病毒的附着。

监测意义：它是反映天然水和饮用水的物理性状的一项指标，用以表示水的清澈或浑浊程度，是衡量水质的重要指标之一。

浑浊度降低有利于水的消毒，对确保给水安全是必要的。出厂水的浑浊度低，有利于加氯消毒后的水减少臭和味；有助于防止细菌和其他微生物的重新繁殖。在整个配水系统中保持低的浑浊度，利于适量余氯的存在。

3）臭和味。被污染的水体往往具有不正常的气味，用鼻闻到的称为臭，口尝到的称为味。

来源：水生植物或微生物的繁殖和衰亡；有机物的腐败分解；溶解气体 H_2S 等；溶解的矿物盐或混入的泥土；工业废水

中的各种杂质；饮用水消毒过程的余氯等。

监测意义：臭和味会给人一种厌恶的感觉。可以推测水中是否含杂质和有害成分。

4）肉眼可见物。肉眼可见物主要指水中存在的、能以肉眼观察到的颗粒或其他悬浮物质。

来源：土壤冲刷、生活及工业垃圾污染、水生生物、油膜及其他不溶于水的悬浮物。含铁高的地下水暴露于空气中，水中的 Fe^{2+} 易氧化形成沉淀。水处理不当也会造成水中絮凝物的残留。有机物污染严重的水体中藻类的大量繁殖，可造成水中大量有色悬浮物的产生。

超标危害：肉眼可见物超标会给人一种厌恶的感觉。

监测意义：水中含有肉眼可见物表明水中可能存在有害物质或生物的过多繁殖。

5）pH 值。pH 值是氢离子浓度倒数的对数。

监测意义：pH 值是最重要水化学检测指标之一，澄清和消毒工艺过程应控制 pH 值，才能使之达到最佳化。配水系统也必须控制 pH 值，使其对管网的腐蚀性降至最低程度。

超标危害：主要是考虑到对管道的影响，pH 值过高或过低会腐蚀管道，而 pH 值对人体健康的影响没有太大的直接关系。

世界卫生组织还没有基于健康的准则 pH 值。血液 pH 值即 7.35～7.45。在人类进化中，从饮用天然水到自来水，在这个范围内，人体内都具有强的 pH 值缓冲及调剂能力。

6）铁。铁是人体的必需元素。铁是地壳层中第二丰富的金属，铁以多种形式存在于天然水。它以胶粒或可见的颗粒悬浮液体中，也可能与其他矿物或有机物以络合物存在。地面水中的铁通常以 Fe^{3+} 的形式出现，而较易溶解的 Fe^{2+} 可能在脱氧的情况下出现。

超标危害：当水中含铁量小于 0.3mg/L 时，难以察觉其味道，达 1mg/L 时便有明显的金属味，超过 0.3mg/L，会使衣服、器皿、设备等着色。在含铁量大于 0.5mg/L 时，水的色度可能会大于 30 度。铁能促进管网中铁细菌的生长，在管网内壁形成黏性膜。

7）锰。锰是地壳中较为丰富的元素之一，常和铁结合在一起。由于锰较难氧化，地面水和地下水中锰的质量浓度可以达到每升几毫克。锰一般和铁是相生相伴的。

超标危害：高浓度锰有毒性，锰主要危害中枢神经系统，可以出现颓废、肌张力增加、震颤和智力减退等中毒症状。但还未达到此水平时根据味道就需对水进行处理了。当锰的质量浓度超过 0.1mg/L，会使饮用水发出令人不快的味道，并使器皿和洗涤的衣服着色。如果溶液中 Mn^{2+} 的化合物被氧化，会形成沉淀，造成结垢。

8）氯化物。几乎所有水中都存在氯化物。氯化物常与钠结合，较少与钾、钙、镁结合，氯化物是水中最稳定的组分之一。

来源：它的来源包括天然矿物沉积物、海水入侵、农业或灌溉排水、城市采用氯化物盐类融化冰雪后的径流、生活污水、工业废水等。

监测意义：大多数河流和湖泊水的氯化物浓度低于 50mg/L，任何明显的升高预示水质的污染。

超标危害：饮用水中过高氯化物增加铸铁、钢及其他金属管道的腐蚀速度，味觉敏感的人在氯化物低至 150mg/L 时就可觉察；当氯化物大于 250mg/L 时可产生明显的咸味。

9）硫酸盐。

来源：天然水中硫酸盐浓度差别甚大，从几个毫克每升到数千毫克每升。水中硫酸盐主要来自石膏和其他含硫酸盐沉积物的溶解，海水入侵、亚硫酸盐和硫代硫酸盐等在充分曝气的地面水中氧化，以及制革、纸张制造中使用硫酸盐或硫酸的工业废水。

超标危害：在大量摄入硫酸盐后出现的最主要的生理反应是腹泻、脱水和胃肠道紊乱。人们常把硫酸镁含量超过 600mg/L 的水用作导泻剂。当水中硫酸钙和硫酸镁的质量浓度分别达到 1000mg/L 和 850mg/L 时，有 50％的被调查对象认为水的味道令人讨厌、不能接受。硫酸盐同样也会对输水系统造成腐蚀。

10）溶解性总固体。溶解性总固体（TDS）是溶解在水里的无机盐和有机物的总称。其主要成分有钙、镁、钠、钾离子和碳酸根离子、碳酸氢根离子、氯离子、硫酸根离子和硝酸根离子。

超标危害：饮用水中过多的溶解固体可能导致味道差和腐蚀或沉积覆盖配水系统。当浓度超过 1000mg/L 时，水的口感更差。水中高浓度的溶解性总固体可造成水味不良和给水设备结垢；低浓度的溶解性总固体的水适合于许多工业生产，但对管道可能有腐蚀性。

监测意义：总的来说，饮用水中 TDS 含量小于 1000mg/L 时比较容易让人接受。因为过高的 TDS 浓度，会造成口味不佳和水管、热水器、热水壶及家用器具的使用寿命减短，因而引发居民的反感。同样饮用水中 TDS 浓度过低，也会因为过分平淡无味而不受人们欢迎，同时也会对输水管道造成腐蚀。

11）总硬度。硬度主要是指水中钙、镁离子的含量。硬度分为碳酸盐硬度及非碳酸盐硬度。碳酸盐硬度和非碳酸盐硬度的总和称总硬度。

来源：水中的钙、镁离子主要来源于土壤和岩石中的钙镁盐类的溶解。当二氧化碳含量较多时，能促进钙、镁的溶解。各地水源水中的硬度相差很大，最低的可在每升数毫克，最高的可达每升几千毫克。

超标危害：一般认为，水中的硬度在维持机体的钙镁平衡上具有良好作用。但硬度过高对机体也有不利的影响：人在习惯饮用软水之后，改用硬度过高的水，开始时可能出现胃肠功能紊乱，影响消化吸收。但一般在短时间内即能适应。硬水在烹调上，钙、镁与蛋白质结合，使肉类和豆类不易煮烂，影响消化吸收率。硬度过高，不仅消耗肥皂，产生水垢，腐蚀容器设备，也能影响水的味道，甚至影响胃肠功能。

12）耗氧量。耗氧量是指水样在规定的氧化剂和氧化条件下的可氧化物质的总量，并以消耗的氧化剂表示。耗氧量是一个规定条件下的可氧化有机物和还原性无机物的相对总量，必须在统一的方法之下才有比较的意义。

超标危害：饮水中耗氧量与肝癌和胃癌死亡率之间有非常显著的相关关系。

监测意义：在实际工作中，耗氧量是反映饮用水有机污染总体水平的一项易于操作、比较实用的指标。可大体反映水样中有机污染物的总量，但不能说明是何种有机物，或者多大比例已经被氧化。

13）氨氮（mg/L）。氨氮（$NH_3 - N$）以离子态铵（NH_4^+）和非离子态氨（NH_3）两种形式存在于水中。两者组成比取决于水的 pH 值和水温。非离子态氨所占的比例随着水温和 pH 值的升高而急剧增加。

超标危害：氨氮在一定条件下，和氯作用会生成氯氨，从而消耗氯影响消毒效果；在一定条件下，氨会被转化成对人体毒性较大的亚硝酸盐。

监测意义：水中氨氮是影响感官水质指标因素之一。氨氮的浓度与有机物的含量、溶解氧的大小有着相关性，标志着水污染的程度。虽然饮用水中的氨氮没有直接的健康影响，但氨氮指标可指示排泄污染，在供水系统中氨氮的存在会降低消毒效果。造成过滤除锰失败，引起嗅和味的问题。

14）氟化物。

来源：氟化物在自然界广泛存在，氟可以通过水、食物、空气等多种途径进入人体。

超标危害：适量的氟被认为是对人体有益元素，有利于预防龋齿发生，调查资料表明，摄入量过多对人体有害，可致急、慢性中毒（慢性中毒的主要表现为氟斑牙和氟骨症）。

15）镉。

来源：在自然界中常以化合物状态存在，一般含量很低，正

常环境状态下，不会影响人体健康。镉在电镀、颜料、塑料稳定剂、Ni－Cd 电池工业、电视显像管制造的应用上已日益增加。随着采矿、冶炼精炼和电镀工业的不断发展，大量的含镉废水排入河流而造成镉的污染。

超标危害：镉是人体非必需元素，镉被人体吸收后，在体内形成镉硫蛋白，选择性地蓄积肝、肾中。从而影响肝、肾器官中酶系统的正常功能，使骨骼的生长代谢受阻碍，从而造成骨骼疏松、萎缩、变形等，如日本的痛痛病。

16）铬。

来源：按照在地壳中的含量，铬属于分布较广的元素之一。自然界中主要以铬铁矿（$FeCr_2O_4$）形式存在。由氧化铬用铝还原，或由铬氨矾或铬酸经电解制得。海水中铬的平均浓度为 $0.05\mu g/L$，饮用水中更低。铬的污染源有含铬矿石的加工、金属表面处理、皮革鞣制、印染等排放的污水。

超标危害：铬是人体必需的微量元素，在肌体的糖代谢和脂代谢中发挥特殊作用。铬的毒性与其价态有关，金属铬对人体几乎无害，六价铬才有毒。六价铬比三价铬毒性高 100 倍，易被人体吸收且在体内蓄积，三价铬和六价铬可以相互转化。六价铬对人主要是慢性毒害，它可以通过消化道、呼吸道、皮肤和黏膜侵入人体，在体内主要积聚在肝、肾和内分泌腺中。通过呼吸道进入的易积存在肺部。

17）铅。

来源：铅在地壳中的含量为 0.16％，很少以游离状态存在于自然界，含铅的废气、废水、废渣等可以污染水源。

超标危害：铅中毒对机体的影响是多器官、多系统、全身性的，临床表现复杂，且缺乏特异性，比较明确的是：引起血红蛋白合成障碍；损害神经系统；损害肾脏；损害生殖器官；影响子代。

病期较长的患者并有贫血，面容呈灰色（铅容），伴心悸、气促、乏力等，牙齿与指甲因铅质沉着而染黑色，有的牙龈出现黑色"铅线"。

18）汞。

来源：汞在自然界中分布量很少，但普遍存在，一般动物植物中都含有微量的汞。汞的用途广泛，人类活动造成水体汞污染，主要来自氯碱、塑料、电池、电子、化工的废水还有农药、化肥等使用。水中汞的本底浓度，内陆地下水为 $0.1\mu g/L$，海水为 $0.03\sim 2\mu g/L$，泉水可达 $80\mu g/L$ 以上，湖水、河水一般不超过 $0.1\mu g/L$。

超标危害：金属汞和无机汞损伤肝脏和肾脏，但一般不形成累积中毒。有机汞甲基汞等毒性高，能伤害大脑，在体内停留时间长，即使剂量很少也可累积致毒，如日本的水俣病。

19）砷。

来源：砷在地壳中广泛存在，大多以硫化砷或金属的砷酸盐和砷化物的形式存在。饮用水中砷主要来自冶炼废水、矿物溶出。

超标危害：砷是饮水中一种重要的污染物，被国际癌症研究机构（IARC）确认为使人致癌的物质之一。

20）硝酸盐。

来源：硝酸盐和亚硝酸盐是自然存在的离子，是氮循环的组成部分。除来自地层外，还主要来源于生活污水和工业废水；农业施肥后的径流和渗透；土壤中有机物的生物降解等。在缺氧条件下，可能形成亚硝酸盐。氯胺消毒时，如果没有生成足量的氯胺，可能在输配水系统内生成亚硝酸盐。

超标危害：本身无毒。一般认为，在水中和亚硝酸盐、氨氮的发生变化，可以推测水中发生污水污染的情况。氧化后形成亚硝酸盐，可导致高铁血红蛋白症。婴幼儿、儿童和孕妇是高铁血红蛋白症的易感者。在胃肠道的酸性环境中转化为亚硝胺，使动物致癌、致畸、致突变作用。

21）菌落总数。菌落总数（CFU）是指 1ml 水样在营养琼脂培养基中，于 37℃ 培养 48h 后所生长的腐生性细菌菌落总数。

标准限值：100CFU/ml(500CFU/ml)。

监测意义：水中菌落总数可以作为评价水质清洁程度和考核净化效果的指标。长期实践表明，只要细菌总数（腐生性细菌总数）每毫升不超过 100 个，大肠菌群每 100ml 水中不检出，饮水者感染肠道传染病的可能性就极小。

22）总大肠菌群。总大肠菌群系一群在 37℃ 培养 48h 能发酵乳糖、产酸产气的革兰氏阴性无芽孢杆菌。

来源：总大肠菌群主要来自人和温血动物粪便，还可能来自植物和土壤。

标准限值：每 100ml 水样中不得检出。

监测意义：总大肠菌群是评价饮用水卫生质量的重要微生物指标之一。总大肠菌群可以指示肠道传染病传播的可能性，但它不是专一的菌属。在 GB 5749—2006 中规定，任意 100ml 水样中不得检出总大肠菌群，如果在水样中检出大肠菌群，则应再检验大肠埃希氏菌或耐热大肠菌群以证明水体是否已经受到粪便污染；如果水样中没有检出总大肠菌群，就不必再检验大肠埃希氏菌或耐热大肠菌群。

23）耐热大肠菌群。耐热大肠菌群来源于人和温血动物粪便，是水质粪便污染的重要指示菌。

检出耐热大肠菌群表明饮水已被粪便污染，有可能存在肠道致病菌和寄生虫等病原体的危险。

24）大肠埃希氏菌。大肠埃希氏菌统称为大肠杆菌，是人和许多动物肠道中最主要且数量最多的一种细菌，主要寄生在大肠内。它侵入人体一些部位时，可引起感染，如腹膜炎、胆囊炎、膀胱炎及腹泻等。人在感染大肠杆菌后的症状为胃痛、呕吐、腹泻和发热。感染可能是致命性的，尤其是对孩子及老人。

25）消毒剂指标。与消毒有关的指标：根据饮用水消毒剂所用情况确定相应的指标，如游离余氯、二氧化氯、臭氧等。

1.2 水质标准

1. 什么是水质标准、如何识读相关的水质标准

水质标准即水质的质量标准，它针对水中存在的具体杂质或污染物，提出最低数量或浓度的限制和要求。

水质标准分国家标准、地方标准和行业标准等，《生活饮用水卫生标准》（GB 5749—2006）为国家标准。我国生活饮用水卫生标准中给出的限值，除消毒指标等个别指标为下限值外，都是上限值，即检测指标值不得超过该值，超过即为不合格。

2. 生活饮用水卫生标准

我国 2006 年 10 月 1 日起实施的《生活饮用水卫生标准》（GB 5749—2006）（见下述）。

《生活饮用水卫生标准》（GB 5749—2006）

1 范围

本标准规定了生活饮用水水质卫生要求、生活饮用水水源水质卫生要求、集中式供水单位卫生要求、二次供水卫生要求、涉及生活饮用水卫生安全产品卫生要求、水质监测和水质检验方法。

本标准适用于城乡各类集中式供水的生活饮用水，也适用于分散式供水的生活饮用水。

2 规范性引用文件

下列文件中的条款通过本标准的引用而成为本标准的条款。凡是标注日期的引用文件，其随后所有的修改（不包括勘误内容）或修订版均不适用于本标准，然而，鼓励根据本标准达成协议的各方研究是否可使用这些文件的最新版本。凡是不注明日期的引用文件，其最新版本适用于本标准。

GB 3838　地表水环境质量标准

GB/T 5750　生活饮用水标准检验方法

GB/T 14848　地下水质量标准

GB 17051　二次供水设施卫生规范

GB/T 17218　饮用水化学处理剂卫生安全性评价

GB/T 17219　生活饮用水输配水设备及防护材料的安全性评价标准

CJ/T 206　城市供水水质标准

SL 308　村镇供水单位资质标准

卫生部　生活饮用水集中式供水单位卫生规范

3　术语和定义

下列术语和定义适用于本标准

3.1　生活饮用水　drinking water

供人生活的饮水和生活用水。

3.2　供水方式　type of water supply

3.2.1　集中式供水　central water supply

自水源集中取水，通过输配水管网送到用户或者公共取水点的供水方式，包括自建设施供水。为用户提供日常饮用水的供水站和为公共场所、居民社区提供的分质供水也属于集中式供水。

3.2.2　二次供水　secondary water supply

集中式供水在入户之前经再度储存、加压和消毒或深度处理，通过管道或容器输送给用户的供水方式。

3.2.3　农村小型集中式供水　small central water supply for rural areas

日供水在1000m³以下（或供水人口在1万人以下）的农村集中式供水。

3.2.4　分散式供水　non-central water supply

用户直接从水源取水，未经任何设施或仅有简易设施的供水方式。

3.3　常规指标　regular indices

能反映生活饮用水水质基本状况的水质指标。

3.4　非常规指标　non-regular indices

根据地区、时间或特殊情况需要的生活饮用水水质指标。

4 生活饮用水水质卫生要求

4.1 生活饮用水水质应符合下列基本要求，保证用户饮用安全。

4.1.1 生活饮用水中不得含有病原微生物。

4.1.2 生活饮用水中化学物质不得危害人体健康。

4.1.3 生活饮用水中放射性物质不得危害人体健康。

4.1.4 生活饮用水的感官性状良好。

4.1.5 生活饮用水应经消毒处理。

4.1.6 生活饮用水水质应符合表1和表3卫生要求。集中式供水出厂水中消毒剂限值、出厂水和管网末梢水中消毒剂余量均应符合表2要求。

4.1.7 农村小型集中式供水和分散式供水的水质因条件限制，部分指标可暂按照表4执行，其余指标仍按表1、表2和表3执行。

4.1.8 当发生影响水质的突发性公共事件时，经市级以上人民政府批准，感官性状和一般化学指标可适当放宽。

4.1.9 当饮用水中含有表1所列指标时，可参考此表限值评价。

表1　　　　　　　　水质常规指标及限值

指　　　标	限　　值
1. 微生物指标①	
总大肠菌群（MPN/100ml 或 CFU/100ml）	不得检出
耐热大肠菌群（MPN/100ml 或 CFU/100ml）	不得检出
大肠埃希氏菌（MPN/100ml 或 CFU/100ml）	不得检出
菌落总数（CFU/ml）	100
2. 毒理指标	
砷（mg/L）	0.01
镉（mg/L）	0.005
铬（六价，mg/L）	0.05

指　　　标	限　　　值
铅（mg/L）	0.01
汞（mg/L）	0.001
硒（mg/L）	0.01
氰化物（mg/L）	0.05
氟化物（mg/L）	1.0
硝酸盐（以 N 计，mg/L）	10 地下水源限制时为 20
三氯甲烷（mg/L）	0.06
四氯化碳（mg/L）	0.002
溴酸盐（使用臭氧时，mg/L）	0.01
甲醛（使用臭氧时，mg/L）	0.9
亚氯酸盐（使用二氧化氯消毒时，mg/L）	0.7
氯酸盐（使用复合二氧化氯消毒时，mg/L）	0.7
3. 感官性状和一般化学指标	
色度（铂钴色度单位）	15
浑浊度（NTU -散射浊度单位）	1 水源与净水技术条件限制时为 3
臭和味	无异臭、异味
肉眼可见物	无
pH 值（pH 值单位）	不小于 6.5 且不大于 8.5
铝（mg/L）	0.2
铁（mg/L）	0.3
锰（mg/L）	0.1
铜（mg/L）	1.0
锌（mg/L）	1.0
氯化物（mg/L）	250
硫酸盐（mg/L）	250
溶解性总固体（mg/L）	1000

指　标	限　值
总硬度（以 CaCO$_3$ 计，mg/L）	450
耗氧量（COD$_{Mn}$法，以 O$_2$ 计，mg/L）	3 水源限制，原水耗氧量 ＞6mg/L 时为 5
挥发酚类（以苯酚计，mg/L）	0.002
阴离子合成洗涤剂（mg/L）	0.3
4. 放射性指标②	指导值
总 α 放射性（Bq/L）	0.5
总 β 放射性（Bq/L）	1

① MPN 表示最可能数；CFU 表示菌落形成单位。当水样检出总大肠菌群时，应进一步检验大肠埃希氏菌或耐热大肠菌群；水样未检出总大肠菌群，不必检验大肠埃希氏菌或耐热大肠菌群。

② 放射性指标超过指导值，应进行核素分析和评价，判定能否饮用。

表 2　　　　　　饮用水中消毒剂常规指标及要求

消毒剂名称	与水接触时间	出厂水中限值	出厂水中余量	管网末梢水中余量
氯气及游离氯制剂（游离氯，mg/L）	至少 30min	4	≥0.3	≥0.05
一氯胺（总氯，mg/L）	至少 120min	3	≥0.5	≥0.05
臭氧（O$_3$，mg/L）	至少 12min	0.3		0.02 如加氯，总氯≥0.05
二氧化氯（ClO$_2$，mg/L）	至少 30min	0.8	≥0.1	≥0.02

表 3　　　　　　水质非常规指标及限值

指　标	限　值
1. 微生物指标	
贾第鞭毛虫（个/10L）	＜1
隐孢子虫（个/10L）	＜1

指　　　标	限　　值
2. 毒理指标	
锑（mg/L）	0.005
钡（mg/L）	0.7
铍（mg/L）	0.002
硼（mg/L）	0.5
钼（mg/L）	0.07
镍（mg/L）	0.02
银（mg/L）	0.05
铊（mg/L）	0.0001
氯化氰（以 CN⁻ 计，mg/L）	0.07
一氯二溴甲烷（mg/L）	0.1
二氯一溴甲烷（mg/L）	0.06
二氯乙酸（mg/L）	0.05
1，2-二氯乙烷（mg/L）	0.03
二氯甲烷（mg/L）	0.02
三卤甲烷（三氯甲烷、一氯二溴甲烷、二氯一溴甲烷、三溴甲烷的总和）	该类化合物中各种化合物的实测浓度与其各自限值的比值之和不超过 1
1，1，1-三氯乙烷（mg/L）	2
三氯乙酸（mg/L）	0.1
三氯乙醛（mg/L）	0.01
2，4，6-三氯酚（mg/L）	0.2
三溴甲烷（mg/L）	0.1
七氯（mg/L）	0.0004
马拉硫磷（mg/L）	0.25
五氯酚（mg/L）	0.009
六六六（总量，mg/L）	0.005
六氯苯（mg/L）	0.001

指　标	限　值
乐果（mg/L）	0.08
对硫磷（mg/L）	0.003
灭草松（mg/L）	0.3
甲基对硫磷（mg/L）	0.02
百菌清（mg/L）	0.01
呋喃丹（mg/L）	0.007
林丹（mg/L）	0.002
毒死蜱（mg/L）	0.03
草甘膦（mg/L）	0.7
敌敌畏（mg/L）	0.001
莠去津（mg/L）	0.002
溴氰菊酯（mg/L）	0.02
2，4-滴（mg/L）	0.03
滴滴涕（mg/L）	0.001
乙苯（mg/L）	0.3
二甲苯（mg/L）	0.5
1，1-二氯乙烯（mg/L）	0.03
1，2-二氯乙烯（mg/L）	0.05
1，2-二氯苯（mg/L）	1
1，4-二氯苯（mg/L）	0.3
三氯乙烯（mg/L）	0.07
三氯苯（总量，mg/L）	0.02
六氯丁二烯（mg/L）	0.0006
丙烯酰胺（mg/L）	0.0005
四氯乙烯（mg/L）	0.04
甲苯（mg/L）	0.7
邻苯二甲酸二（2-乙基己基）酯（mg/L）	0.008

指　　标	限　　值
环氧氯丙烷（mg/L）	0.0004
苯（mg/L）	0.01
苯乙烯（mg/L）	0.02
苯并（a）芘（mg/L）	0.00001
氯乙烯（mg/L）	0.005
氯苯（mg/L）	0.3
微囊藻毒素-LR（mg/L）	0.001
3. 感官性状和一般化学指标	
氨氮（以 N 计，mg/L）	0.5
硫化物（mg/L）	0.02
钠（mg/L）	200

表 4　农村小型集中式供水和分散式供水部分水质指标及限值

指　　标	限　　值
1. 微生物指标	
菌落总数（CFU/ml）	500
2. 毒理指标	
砷（mg/L）	0.05
氟化物（mg/L）	1.2
硝酸盐（以 N 计，mg/L）	20
3. 感官性状和一般化学指标	
色度（铂钴色度单位）	20
浑浊度（NTU－散射浊度单位）	3 水源与净水技术条件限制时为 5
pH 值（pH 值单位）	不小于 6.5 且不大于 9.5
溶解性总固体（mg/L）	1500
总硬度（以 $CaCO_3$ 计，mg/L）	550
耗氧量（COD_{Mn}法，以 O_2 计，mg/L）	5

指　　　标	限　　值
铁（mg/L）	0.5
锰（mg/L）	0.3
氯化物（mg/L）	300
硫酸盐（mg/L）	300

5　生活饮用水水源水质卫生要求

5.1　采用地表水为生活饮用水水源时应符合 GB 3838 要求。

5.2　采用地下水为生活饮用水水源时应符合 GB/T 14848 要求。

6　集中式供水单位卫生要求

集中式供水单位的卫生要求应按照卫生部《生活饮用水集中式供水单位卫生规范》执行。

7　二次供水卫生要求

二次供水的设施和处理要求应按照 GB 17051 执行。

8　涉及生活饮用水卫生安全产品卫生要求

8.1　处理生活饮用水采用的絮凝、助凝、消毒、氧化、吸附、pH 值调节、防锈、阻垢等化学处理剂不应污染生活饮用水，应符合 GB/T 17218 要求。

8.2　生活饮用水的输配水设备、防护材料和水处理材料不应污染生活饮用水，应符合 GB/T 17219 要求。

9　水质监测

9.1　供水单位的水质检测

供水单位的水质检测应符合以下要求。

9.1.1　供水单位的水质非常规指标选择由当地县级以上供水行政主管部门和卫生行政部门协商确定。

9.1.2　城市集中式供水单位水质检测的采样点选择、检验项目和频率、合格率计算按照 CJ/T 206 执行。

9.1.3 村镇集中式供水单位水质检测的采样点选择、检验项目和频率、合格率计算按照 SL 308 执行。

9.1.4 供水单位水质检测结果应定期报送当地卫生行政部门，报送水质检测结果的内容和办法由当地供水行政主管部门和卫生行政部门商定。

9.1.5 当饮用水水质发生异常时应及时报告当地供水行政主管部门和卫生行政部门。

9.2 卫生监督的水质监测

卫生监督的水质监测应符合以下要求。

9.2.1 各级卫生行政部门应根据实际需要定期对各类供水单位的供水水质进行卫生监督、监测。

9.2.2 当发生影响水质的突发性公共事件时，由县级以上卫生行政部门根据需要确定饮用水监督、监测方案。

9.2.3 卫生监督的水质监测范围、项目、频率由当地市级以上卫生行政部门确定。

10 水质检验方法

生活饮用水水质检验应按照 GB/T 5750 执行。

第2章 水质检测方法

2.1 供水水质监测取样点、检测指标与频率

2.1.1 给水净化的工艺流程介绍

天然水源中，无论是地下水还是地面水都不可避免地含有各种杂质，为了保障人的身体健康，作为饮用水的水源必须经过必要的净化处理手段来改善水质，使之达到清洁卫生、无毒无害的目的。以地面水作为生活饮用水水源时，常用的净化工艺流程主要有混凝、沉淀（澄清）、过滤、消毒等四个部分，一般采用图2.1.1所示的净水工艺流程：原水中投加混凝剂后，混凝剂和原水经过快速充分的混合、反应，形成较大的絮凝体（矾花），经沉淀池沉淀，绝大部分絮凝体沉入池底，细小的絮凝体经滤池过滤后去除，过滤后的清水进入清水池储存，经消毒后由泵站送至管网（用户）。

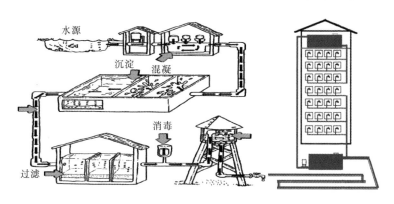

图 2.1.1 净水工艺流程

2.1.2 农村供水水源、供水厂、供水管网的水质检验项目和频率

按照《农村饮水安全工程水质检测中心建设导则》之规定，

设计供水规模 20m³/d 及以上的集中式供水工程定期水质检测和日常现场水质检测应符合以下要求。

1. 集中式供水工程定期水质检测

（1）出厂水和管网末梢水水质检测指标一般应包括《生活饮用水卫生标准》（GB 5749—2006）中的 42 项水质常规指标，并根据下列情况增减指标。

1）微生物指标中一般检测总大肠菌群和细菌总数两项指标，当检出总大肠菌群时，需进一步检测耐热大肠菌群和大肠埃希氏菌。

2）常规指标中当地确实不存在超标风险的指标可不检测，如：从来未遇到过放射性指标超标的地区，可不检测总 α 放射性、总 β 放射性两项指标；没有臭氧消毒的工程，可不检测甲醛、溴酸盐和臭氧三项指标；没有氯胺消毒的工程，可不检测总氯等。

3）非常规指标中在本县已存在超标的指标和确实存在超标风险的指标，应纳入检测能力建设范围之内。如地表水源存在生活污染风险时，应增加氨氮指标的检测，以船舶行驶的江河为水源时可增加石油类指标的检测。

4）部分不具备条件的县，至少应检测微生物指标（菌落总数、总大肠菌群）、消毒剂余量指标（余氯、二氧化氯等）、感官指标（浑浊度、色度、臭和味、肉眼可见物等）、一般化学指标（pH 值、铁、锰、氯化物、硫酸盐、溶解性总固体、总硬度、耗氧量、氨氮）和毒理学指标（氟化物、砷和硝酸盐）等。

（2）水源水水质检测按照《地表水环境质量标准》（GB 3838—2002）、《地下水质量标准》（GB/T 14848—1993）的有关规定执行。

（3）水质检测频次应符合表 2.1.1 的要求。

常规检测指标：根据上述确定的水质指标。

污染指标：氨氮、硝酸盐、COD_{Mn} 等。

感官指标：浑浊度、色度、臭和味、肉眼可见物。

消毒剂余量：余氯、二氧化氯等。

微生物指标：菌落总数、总大肠菌群、耐热大肠菌群。

表 2.1.1　　集中式供水工程的定期水质检测指标和频次

工程类型	水源水		出厂水		管网末梢水	
	检测指标	检测频次	检测指标	检测频次	检测指标	检测频次
日供水不小于1000m³以上的集中供水工程	主要检测污染指标	地表水每年至少在丰、枯水期各监测1次，地下水每年不少于1次	主要检测确定的常规检测指标＋重点非常规指标	常规指标每个季度不少于1次	主要检测感官指标、消毒剂余量和微生物指标	每年至少在丰、枯水期各监测1次
1000~200m³/d集中供水工程	主要检测污染指标	地表水每年至少在水质不利情况下（丰水期或枯水期）监测1次，地下水每年不少于1次	主要检测确定的常规检测指标＋重点非常规指标	每年至少在丰、枯水期各监测1次	主要检测感官指标、消毒剂余量和微生物指标	每年至少在丰、枯水期各监测1次
20~200m³/d集中供水工程			主要检测确定的常规检测指标＋重点非常规指标	每年至少在丰、枯水期各监测1次；工程数量较多时每年分类抽检不少于50%的工程	主要检测感官指标、消毒剂余量和微生物指标	每年至少在水质不利情况下（丰水期或枯水期）监测1次

2. 集中式供水工程日常现场水质检测

（1）出厂水主要检测：浊度、色度、pH 值、消毒剂余量、特殊水处理指标（如铁、锰、氨氮、氟化物等）等。

（2）末梢水主要检测：浊度、色度、消毒剂余量等。

（3）每个月应对区域内 20% 以上的集中式供水工程进行现场水质巡测。

2.1.3 城镇供水水源、供水厂、供水管网的水质检验项目和频率

城镇供水水源、供水厂、供水管网的水质检验项目和频率通常是参照表 2.1.2 的说明进行的。

表 2.1.2　　　城镇供水水源、供水厂、供水管网的水质检验项目和频率

水样		检验项目	检验频率
水源水	地表水、地下水	浑浊度、色度、臭和味、肉眼可见物、COD$_{Mn}$、氨氮、细菌总数、总大肠菌群、大肠埃希氏菌或耐热大肠菌群[1]	每日不少于 1 次
	地表水	《地表水环境质量标准》（GB 3838—2002）中规定的水质检验基本项目、补充项目及特定项目[2]	每月不少于 1 次
	地下水	《地下水质量标准》（GB/T 14848—1993）中规定的所有水质检验项目	每月不少于 1 次
沉淀、过滤等各净化工序		浑浊度及特定项目[3]	每 1~2 小时 1 次
出厂水		浑浊度、余氯、pH 值	在线检测或每小时 1~2 次
		浑浊度、色度、臭和味、肉眼可见物、余氯、细菌总数、总大肠菌群、大肠埃希氏菌或耐热大肠菌群[1]、COD$_{Mn}$	每日不少于 1 次
		《生活饮用水卫生标准》（GB 5749—2006）规定的表1、表2全部项目和表3中可能含有的有害物质[4]	每月不少于 1 次
		《生活饮用水卫生标准》（GB 5749—2006）规定的全部项目[5]	以地表水为水源：每半年检验 1 次 以地下水为水源：每年检验 1 次

水样	检 验 项 目	检验频率
管网水	色度、臭和味、浑浊度、余氯、细菌总数、总大肠菌群、COD_{Mn}（管网末梢水）	每月不少于 2 次
管网末梢水	《生活饮用水卫生标准》（GB 5749—2006）规定的表 1、表 2 全部项目和表 3 中可能含有的有害物质④	每月不少于 1 次

① 当水样检出总大肠菌群时才需进一步检验大肠埃希氏菌或耐热大肠菌群；

② 特定项目的确定按照《地表水环境质量标准》（GB 3838—2002）规定执行；

③ 特定项目由各水厂根据实际需要确定；

④ "表 3 可能含有的有害物质"的实施项目和实施日期的确定按照《生活饮用水卫生标准》（GB 5749—2006）规定执行；

⑤ 全部项目的实施进程按照《生活饮用水卫生标准》（GB 5749—2006）规定执行。

2.2 水源水检测指标的检测方法举例

2.2.1 耗氧量

2.2.1.1 酸性高锰酸钾滴定法测定耗氧量的标准检验方法

1. 范围

《生活饮用水标准检验方法》（GB/T 5750—2006）规定了用酸性高锰酸钾滴定法测定生活饮用水及其水源水中的耗氧量。

酸性高锰酸钾滴定法适用于氯化物质量浓度低于 300mg/L（以 Cl$^-$ 计）的生活饮用水及其水源水中耗氧量的测定。

酸性高锰酸钾滴定法最低检测质量浓度（取 100ml 水样时）为 0.05mg/L，最高可测定耗氧量为 5.0mg/L（以 O$_2$ 计）。

2. 原理

高锰酸钾在酸性溶液中将还原性物质氧化，过量的高锰酸钾用草酸还原。根据高锰酸钾消耗量表示耗氧量（以 O$_2$ 计）。

3. 仪器

（1）电热恒温水浴锅（可调至 100℃）。

（2）锥形瓶：100ml。

（3）滴定管。

4. 试剂

（1）硫酸溶液（1+3）：将1体积硫酸（$\rho_{20} = 1.84\,g/ml$）在水浴冷却下缓缓加到3体积纯水中，煮沸，滴加高锰酸钾溶液至溶液保持微红色。

（2）草酸钠标准储备溶液$\left[c\left(\dfrac{1}{2}Na_2C_2O_4\right) = 0.1000\,mol/L \right]$：称取6.701g草酸钠（$Na_2C_2O_4$），溶于少量纯水中，并于1000ml容量瓶中用纯水定容，置暗处保存。

（3）高锰酸钾溶液$\left[c\left(\dfrac{1}{5}KMnO_4\right) = 0.1000\,mol/L \right]$：称取3.3g高锰酸钾（$KMnO_4$），溶于少量纯水中，并稀释至1000ml，煮沸15min，静置2周。然后用玻璃砂芯漏斗过滤至棕色瓶中，置暗处保存并按下述方法标定浓度。

1）吸取25.00ml草酸钠溶液于250ml锥形瓶中，加入75ml新煮沸放冷的纯水及2.5ml硫酸（$\rho_{20} = 1.84\,g/ml$）。

2）迅速自滴定管中加入约24ml高锰酸钾溶液，待褪色后加热至65℃，再继续滴定呈微红色并保持30s不褪。当滴定终了时，溶液温度不低于55℃。记录高锰酸钾溶液用量。

高锰酸钾溶液的浓度计算见式（2.2.1）：

$$c\left(\frac{1}{5}KMnO_4\right) = \frac{0.1000 \times 25.00}{V} \qquad (2.2.1)$$

式中　$c\left(\dfrac{1}{5}KMnO_4\right)$——高锰酸钾溶液的浓度，mol/L；

　　　　V——高锰酸钾溶液的用量，ml。

3）校正高锰酸钾溶液的浓度$\left[c\left(\dfrac{1}{5}KMnO_4\right) \right]$为0.1000mol/L。

（4）高锰酸钾标准溶液$\left[c\left(\dfrac{1}{5}KMnO_4\right) = 0.0100\,mol/L \right]$：将高锰酸钾溶液准确稀释10倍。

（5）草酸钠标准使用溶液$\left[c\left(\dfrac{1}{2}Na_2C_2O_4\right) = 0.0100\,mol/L \right]$：

将草酸钠标准储备溶液准确稀释10倍。

5. 分析步骤

（1）锥形瓶的预处理：向250ml锥形瓶内倒入硫酸溶液及少量高锰酸钾标准溶液，煮沸数分钟，取下锥形瓶，用草酸钠标准使用溶液滴定至微红色，将溶液倒掉。

（2）吸取100ml充分混匀的水样（若水样中有机物含量较高，可取适量水样以纯水稀释至100ml），置于上述处理过得锥形瓶中，加入5ml硫酸溶液。用滴定管加入10ml高锰酸钾标准溶液。

（3）将锥形瓶放入沸腾的水浴中，准确放置30min。如加热过程中红色明显减退，须将水样稀释重做。

（4）取下锥形瓶，趁热加入10ml草酸钠标准使用溶液，充分振摇，使红色褪尽。

（5）于白色背景上，自滴定管滴入高锰酸钾标准溶液，至溶液呈微红色即为终点，记录用量V_1（ml）。

注：测定时如水样消耗的高锰酸钾标准溶液超过了加入量的一半，由于高锰酸钾标准溶液的浓度过低，影响了氧化能力，使测定结果偏低。遇此情况，应取少量样品稀释后重做。

（6）向滴定至终点的水样中，趁热（70～80℃）加入10ml草酸钠溶液。立即用高锰酸钾标准溶液滴定至微红色，记录用量V_2（ml）。如高锰酸钾标准溶液物质的量浓度为准确的0.0100mol/L，滴定时用量应为10ml，否则可求一校正系数（K），计算见式（2.2.2）：

$$K = \frac{10}{V_2} \qquad (2.2.2)$$

如水样用纯水稀释，则另取100ml纯水，同上述步骤滴定，记录高锰酸钾标准溶液消耗量V_0（ml）。

6. 计算

耗氧量浓度的计算见式（2.2.3）：

$$\rho(O_2) = \frac{[(10 + V_0) \times K - 10] \times c \times 8 \times 1000}{100}$$

$$=[(10+V_0)\times K-10]\times 0.8 \qquad (2.2.3)$$

如水样用纯水稀释，则采用式（2.2.4）计算水样的耗氧量：

$$\rho(O_2)=\frac{\{[(10+V_0)K-10][(10+V_0)K-10]R\}\times c\times 8\times 1000}{V_3}$$

$$(2.2.4)$$

式中 R——稀释水样时，纯水在 100ml 体积内所占的比例值，

例如：25ml 水样用纯水稀释至 100ml，则 $R=$

$\dfrac{100-25}{100}=0.75$；

ρ——耗氧量的浓度，mg/L；

c——高锰酸钾标准溶液的浓度，$c\left(\dfrac{1}{5}KMnO_4\right)=$

0.0100mol/L；

8——与 1.00ml 高锰酸钾标准溶液 $\left[c\left(\dfrac{1}{5}KMnO_4\right)=\right.$

1.000mol/L$\bigr]$相当的以毫克（mg）表示氧的质量；

V_3——水样体积，ml。

2.2.1.2 酸性高锰酸钾滴定法测耗氧量的方法〔步骤〕示意

如图 2.2.1、图 2.2.2 所示为锥形瓶的预处理和测定步骤。

（a）向 250ml 锥形瓶内加入 1ml 硫酸（按说明配制）及少量高锰酸钾标准溶液（按说明配制）

（b）煮沸数分钟

图 2.2.1（一） 锥形瓶的预处理

（c）用草酸钠标准溶液滴定至微红，将溶液弃去

图 2.2.1（二）　锥形瓶的预处理

（a）充分混匀水样

（b）取 100ml 充分混匀的水样置入上述处理过的锥形瓶中

（c）加入 5ml 硫酸溶液（按说明配制）

（d）用滴定管加入 10ml 高锰酸钾标准溶液（按说明配制）

图 2.2.2（一）　测定步骤

（e）将锥形瓶放入沸腾的水浴中准确
放置 30min

（f）取下锥形瓶趁热加入 10ml 草酸钠
标准使用溶液（按说明配制）

（g）充分振摇，使红色褪尽

（h）于白色背景上，自滴定管滴入高
锰酸钾标准溶液（按说明配制）

（i）至溶液成呈微红色即为终点，
记录用量 V_1

（j）向滴定终点的水样中趁热加入
10ml 草酸钠标准溶液（按说明配制）

图 2.2.2（二） 测定步骤

（k）立即用高锰酸钾标准溶液（按说明配制）滴定至微红色，记录用量 V_2

（l）滴定至微红色，记录用量 V_2

图 2.2.2（三）　测定步骤

2.2.2　氨氮

2.2.2.1　纳氏试剂分光光度法测定氨氮的标准检验方法

1. 范围

《生活饮用水标准检验方法》（GB/T 5750—2006）规定了用纳氏试剂分光光度法测定生活饮用水及水源水中的氨氮。

纳氏试剂分光光度法适用于生活饮用水及其水源水中氨氮的测定。

纳氏试剂分光光度法最低检测质量为 $1.0\mu g$ 氨氮，若取 50ml 水样测定，则最低检测质量浓度为 0.02mg/L。

水中常见的钙、镁、铁等离子能在测定过程中生成沉淀，可加入酒石酸钾钠掩蔽。水样中余氯与氨结合成氯胺，可用硫代硫酸钠脱氯。水中悬浮物质可用硫酸锌和氢氧化钠混凝沉淀除去。

硫化物、铜、醛等亦可引起溶液浑浊。脂肪胺、芳香胺、亚铁等可与碘化汞钾产生颜色。水中带有颜色的物质，亦能发生干扰。遇此情况，可采用蒸馏法去除。

2. 原理

水中氨与纳氏试剂（K_2HgI_4）在碱性条件下生成黄至棕色的化合物（NH_2Hg_2OI），其色度与氨氮含量成正比。

3. 试剂

本法所有试剂均需用不含氨的纯水配制。无氨水可用一般纯水通过强酸型阳离子交换树脂或者加硫酸和高锰酸钾后重蒸馏制得。

（1）硫代硫酸钠溶液（3.5g/L）：称取 0.35g 硫代硫酸钠（$Na_2S_2O_3 \cdot 5H_2O$）溶于纯水中，并稀释至 100ml。此溶液 0.4ml 能除去 200ml 水样中含 1mg/L 的余氯。使用时可按水样中余氯质量浓度计算加入量。

（2）四硼酸钠溶液（9.5g/L）：称取 9.5g 四硼酸钠（$Na_2B_4O_7 \cdot 10H_2O$）用纯水溶解，并稀释为 100ml。

（3）氢氧化钠溶液（4g/L）。

（4）硼酸盐缓冲溶液：量取 88ml 氢氧化钠溶液，用四硼酸钠溶液稀释为 1000ml。

（5）硼酸溶液（20g/L）。

（6）硫酸锌溶液（100g/L）：称取 10g 硫酸锌（$ZnSO_4 \cdot 7H_2O$），溶于少量纯水中，并稀释至 100ml。

（7）氢氧化钠溶液（240g/L）。

（8）酒石酸钾钠溶液（500g/L）：称取 50g 酒石酸钾钠（$KNaC_4H_4O_6 \cdot 4H_2O$）。溶于 100ml 纯水中，加热煮沸至不含氨为止，冷却后再用纯水补充至 100ml。

（9）氢氧化钠溶液（320m/L）。

（10）纳氏试剂：称取 100g 碘化汞（HgI_2）及 70g 碘化钾（KI），溶于少量纯水中，将此溶液缓缓倾入已冷却的 500ml 氢氧化钠溶液中，并不停搅拌，然后再以纯水稀释至 1000ml，储于棕色瓶中，用橡皮塞塞紧，避光保存。本试剂有毒，应谨慎使用。

注：配制试剂时应注意勿使碘化钾过剩。过量的碘离子将影响有色络合物的生成，使发色变浅。贮存已久的纳氏试剂，使用前应先用已知量的氨氮标准溶液显色，并核对吸光度；加入试剂后 2h 内不得出现浑浊，否则应重新配制。

（11）氨氮标准储备溶液[$\rho(NH_3-N)=1.00mg/ml$]：将氯化铵置于烘箱内，在 105℃烘烤 1h，冷却后称取 3.8190g。溶于纯水中于容量瓶内定容至 1000ml。

（12）氨氮标准使用溶液[$\rho(NH_3-N)=1.00mg/ml$]（临用时配制）：吸取 10ml 氨氮标准储备溶液，用纯水定容到 1000ml。

4. 仪器

（1）全玻璃蒸馏器：500ml。

（2）具塞比色管：50ml。

（3）分光光度计。

5. 样品的预处理

水样中氨氮不稳定，采样时每升水样加 0.8ml 硫酸（$\rho_{20}=1.84mg/L$），4℃保存并尽快分析。

无色澄清的水样可直接测定。色度、浑浊度较高和干扰物质较多的水样，需经过蒸馏或混凝沉淀等预处理步骤。

（1）蒸馏。

1）取 200ml 纯水于全玻璃蒸馏器中，加入 5ml 硼酸盐缓冲液及数粒玻璃珠，加热蒸馏，直至馏出液用纳氏试剂检不出氨为止。稍冷后倒弃蒸馏瓶中残液，量取 200ml 水样（或取适量，加纯水稀释至 200ml）于蒸馏瓶中，根据水中余氯含量，计算并加入适量硫代硫酸钠溶液脱氯。用稀的氢氧化钠溶液调节水样至呈中性。

2）加入 5ml 硼酸盐缓冲液，加热蒸馏。用 200ml 容量瓶为接收瓶，内装 20ml 硼酸溶液作为吸收液。蒸馏器的冷凝管末端要插入吸收液中。待蒸出 150ml 左右，使冷凝管末端离开液面，继续蒸馏以清洗冷凝管。最后用纯水稀释到刻度，然后摇匀供比色用。

（2）混凝沉淀。取 200ml 水样，加入 2ml 硫酸锌溶液，混匀。加入 0.8～1ml 氢氧化钠溶液，使 pH 值为 10.5，静置数分钟，倾出上清液供比色用。

经硫酸锌和氢氧化钠沉淀的水样，静置后一般均能澄清。如必需过滤时，应注意滤纸中的铵盐对水样的污染，必须预先将滤纸用无氨纯水反复淋洗。至用纳氏试纸检查不出氨后再使用。

6. 分析步骤

（1）取 50ml 澄清水样或经预处理的水样（如氨氮含量大于 0.1mg，则取适量水样加纯水至 50ml）于 50ml 比色管中。

（2）另取 50ml 比色管 8 支，分别加入氨氮标准使用溶液 0ml、0.1ml、0.2ml、0.5ml、0.7ml、0.9ml 及 1.2ml，对高浓度的氨氮标准系列，则分别加入氨氮标准使用溶液 0ml、0.5ml、1ml、2ml、4ml、6ml、8ml 及 10ml，用纯水稀释至 50ml。

（3）向水样及标准溶液管内分别加入 1ml 酒石酸钾钠溶液（经蒸馏预处理过的水样，水样及标准管中均不加此试剂），混匀后加 1.0ml 纳氏试剂，放置 10min，于 420nm 波长下，用 1cm 比色皿，以纯水作参比，测定吸光度；如氨氮含量低于 30μg，改用 3cm 比色皿。低于 10μg 的氨氮可用目视比色。

注：经蒸馏处理的水样，只向各标准管中各加 5ml 硼酸溶液，然后向水样及标准管各加 2ml 纳氏试剂。

（4）绘制校准曲线，从曲线上查出样品管中氨氮含量，或目视比色记录水样中相当于氨氮标准的质量。

7. 计算

水样中复氮的质量浓度计算见式（2.2.5）。

$$\rho(\text{HN}_3 - \text{N}) = \frac{m}{V} \qquad (2.2.5)$$

式中　$\rho(\text{NH}_3 - \text{N})$——水样中氨氮（N）的质量浓度，mg/L；

m——从标准曲线上查得的样品管中氨氮的含量，μg；

V——水样体积，ml。

8. 精密度与准确度

在 65 个实验室用本法测定含氨氮 1.3mg/L 的合成水样，其他离子浓度（mg/L）分别为：硝酸盐氮 1.59，正磷酸盐 0.154，测定氨氮的相对标准差为 6%，相对误差为 0。

2.2.2.2 纳氏试剂分光光度法测氨氮的方法（步骤）示意

图 2.2.3 为测定用试剂，图 2.2.4 为分光光度法测氨氮的步骤。

图 2.2.3 测定用试剂

（a）取 50ml 澄清水样或经预处理的水样（如氨氮含量大于 0.1mg，则取适量水样加纯水至 50ml）于 50ml 比色管中

（b）另取 50ml 比色管 8 支

图 2.2.4（一） 分光光度法测氨氮

（c）分别加入氨氮标准使用溶液（按说明配制）0ml、0.1ml、0.2ml、0.5ml、0.7ml、0.9ml 及 1.2ml

（d）用纯水稀释至 50ml

（e）向水样及标准溶液管内分别加入 1ml 酒石酸钾钠溶液（按说明配制）

（f）混匀

图 2.2.4（二） 分光光度法测氨氮

（g）加1.0ml纳氏试剂（按说明配制）

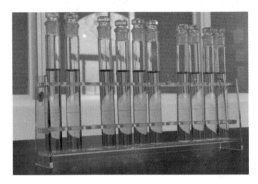

（h）混匀后放置10min

（i）于420nm波长下，用1cm比色皿，以纯水作参比，测定吸光度

图2.2.4（三） 分光光度法测氨氮

(j) 测定吸光度

图 2.2.4（四）　分光光度法测氨氮

2.2.2.3　计算

标准曲线绘制及计算过程参照本书"2.3 净水工艺与出厂水检测指标的检测方法举例"，"7.铁"中"3）数据处理"部分。

2.3　净水工艺与出厂水检测指标的检测方法举例

2.3.1　pH 值

2.3.1.1　玻璃电极法测定 pH 值的标准检验方法

1. 范围

《生活饮用水标准检验方法》（GB/T 5750—2006）规定了用玻璃电极法测定生活饮用水及其水源水的 pH 值。

玻璃电极法适用于生活饮用水及其水源水中 pH 值的测定。

用玻璃电极法测定 pH 值可准确到 0.01。

pH 值是水中氢离子浓度的倒数的对数值。

水的色度、浑浊度、游离氯、氧化剂、还原剂、较高含盐量均不干扰测定，但在较强的碱性溶液中，当有大量钠离子存在时会产生误差，使读数偏低。

2. 原理

以玻璃电极为指示电极，饱和甘汞电极为参比电极，插入溶液中组成原电池。当氢离子浓度发生变化时，玻璃电极和甘汞电极之间的电动势也随着变化，在 25℃时，每单位 pH 标度相当于 59.1mV 电动势变化值，在仪器上直接以 pH 值的读数表示。在仪器上有温度差异补偿装置。

3. 试剂

（1）苯二甲酸氢钾标准缓冲溶液：称取 10.21g 在 105℃烘干 2h 的苯二甲酸氢钾（$KHC_8H_4O_4$）于纯水中，并稀释至 1000ml，此溶液的 pH 值在 20℃时为 4.00。

（2）混合磷酸盐标准缓冲溶液：称取 3.40g 在 105℃烘干 2h 的磷酸二钾（KH_2PO_4）和 3.55g 磷酸氢二钠（Na_2HPO_4），溶于纯水中，并稀释至 1000ml。此溶液的 pH 值在 20℃时为 6.88。

（3）四硼酸钠标准缓冲溶液：称取 3.81g 四硼酸钠（$Na_2B_4O_7 \cdot 10H_2O$），溶于纯水中，并稀释至 1000ml，此溶液的 pH 值在 20℃时为 9.22。

表 2.3.1　　　标准缓冲溶液在不同温度时的 pH 值

温度/℃ ＼ 标准缓冲溶液	苯二甲酸氢钾标准缓冲溶液	混合磷酸盐标准缓冲溶液	四硼酸钠标准缓冲溶液
0	4.00	6.98	9.46
5	4.00	6.95	9.40
10	4.00	6.92	9.33
15	4.00	6.90	9.18
20	4.00	6.88	9.22
25	4.01	6.86	9.18
30	4.02	6.85	9.14
35	4.02	6.84	9.10
40	4.04	6.84	9.07

注　配制下列缓冲溶液所用纯水均为新煮沸并放冷的蒸馏水，配成的溶液应储存在聚乙烯瓶或硬质玻璃瓶内，此类溶液可以稳定 1～2 个月。

以上三种缓冲溶液的 pH 值随温度而稍有变化差异，见表 2.3.1。

4. 仪器

（1）精密酸度计：测量范围 0～14pH 单位；读数精度为小于等于 0.02pH 单位。

（2）pH 玻璃电极。

（3）饱和甘汞电极。

（4）温度计，0～50℃。

（5）塑料烧杯，50ml。

5. 分析步骤

（1）玻璃电极在使用前应放入纯水中浸泡 24h 以上。

（2）仪器校正：仪器开启 30min 后，按仪器使用说明书操作。

（3）pH 定位：选用一种与被测水样 pH 值接近的标准溶液，重复定位 1～2 次，当水样 pH 值小于 7.0 时，使用苯二甲酸氢钾标准缓冲溶液定位，以四硼酸钠或混合磷酸盐标准缓冲溶液复定位；如果水样 pH 值大于 7.0 时，则用四硼酸钠标准缓冲溶液定位，以苯二甲酸氢钾或混合磷酸盐标准缓冲溶液复定位。

注：如发现三种缓冲溶液的定位值不成线性，应检查玻璃电极的质量。

（4）用洗瓶以纯水缓缓淋洗两个电极数次，再以水样淋洗 6～8 次，然后插入水样中，1min 后直接从仪器上读出 pH 值。

注：甘汞电极内为氯化钾的饱和溶液，当室温升高后，溶液可能由饱和状态变为不饱和状态，故应保持一定量氯化钾晶体。

pH 值大于 9 的溶液，应使用高碱玻璃电极测定 pH 值。

2.3.1.2 玻璃电极法测 pH 值方法（步骤）的示意

分析用仪器设备见图 2.3.1，试剂与水样见图 2.3.2，玻璃电极法测 pH 值的步骤见图 2.3.3。

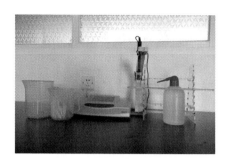

图 2.3.1 分析用仪器设备

图 2.3.2 试剂与水样

（a）玻璃电极放入纯水中浸泡 24h

（b）使用苯二甲酸氢钾标准
缓冲溶液定位

图 2.3.3（一） 玻璃电极法测 pH 值

（c）苯二甲酸氢钾标准缓冲
溶液定位 1～2 次

（d）四硼酸钠或混合磷酸盐标准缓冲
溶液复定位

（e）四硼酸钠或混合磷酸盐
标准缓冲溶液复定位

（f）用洗瓶以纯水缓缓淋洗两个电极
数次，再以水样淋洗 6～8 次，然后插
入水样中，1min 后直接从仪器上
读出 pH 值

图 2.3.3（二）　玻璃电极法测 pH 值

2.3.2　总硬度

2.3.2.1　乙二胺四乙酸二钠滴定法测定总硬度的标准检验方法

1. 范围

《生活饮用水标准检验方法》（GB/T 5750—2006）规定了用

乙二胺四乙酸二钠（Na₂EDTA）滴定法测定生活饮用水及其水源水的总硬度。

《生活饮用水标准检验方法》（GB/T 5750—2006）适用于生活饮用水及其水源水总硬度的测定。

乙二胺四乙酸二钠滴定法最低检测质量 0.05mg，若取 50ml 水样测定，则最低检测质量浓度为 1.0mg/L。水的硬度原指沉淀肥皂程度。使肥皂沉淀的原因主要是由于水中的钙、镁离子，此外，铁、铝、锰、锶及锌也有同样的作用。

总硬度可将上述各离子的浓度相加进行计算。此法准确，但比较繁琐，而且在一般情况下钙、镁离子以外的其他金属离子的浓度都很低，所以多采用乙二胺四乙酸二钠滴定法测定钙、镁离子的总量，并经过换算，以每升水中碳酸钙的质量表示。

本方法主要干扰元素铁、锰、铝、铜、镍、钴等金属离子，能使指示剂褪色或终点不明显。硫化钠及氰化钾可隐蔽重金属的干扰，盐酸羟胺可使高铁离子及高价锰离子还原为低价离子而消除其干扰。

由于钙离子与铬黑 T 指示剂在滴定到达终点时的反应不能呈现出明显的颜色转变，所以当水样中镁含量很少时，需要加入已知量的镁盐，以使滴定终点颜色转变清晰，在计算结果时，再减去加入的镁盐量，或者在缓冲溶液中加入少量 MgEDTA，以保证明显的终点。

2. 原理

当水样中的钙、镁离子与铬黑 T 指示剂形成紫红色螯合物，这些螯合物的不稳定常数大于乙二胺四乙酸钙和镁螯合物不稳定常数。当 pH 值为 10 时，乙二胺四乙酸二钠先与钙离子，再与镁离子形成螯合物，滴定至终点时，溶液呈现出铬黑 T 指示剂的纯蓝色。

3. 试剂

（1）缓冲溶液（pH 值＝10）。

1）称取 16.9g 氯化铵，溶于 143ml 氨水（$\rho_{20} = 0.88$g/ml）中。

2）称取 0.780g 硫酸镁（$MgSO_4 \cdot 7H_2O$）及 1.178g 乙二胺四乙酸二钠（$Na_2EDTA \cdot 2H_2O$），溶于 50ml 纯水中，加入 2ml 氯化铵－氢氧化铵溶液和 5 滴铬黑 T 指示剂（此时溶液应呈紫红色。若为纯蓝色，应再加极少量硫酸镁使呈紫红色），用 Na_2EDTA 标准溶液滴定至溶液由紫红色变为纯蓝色。合并 1）、2）溶液，并用纯水稀释至 250ml。合并后如溶液又变为紫红色，在计算结果时应扣除试剂空白。

注：此缓冲溶液应储存于聚乙烯瓶或硬质玻璃瓶中。防止使用中应反复开盖便氨水浓度降低而影响 pH 值。缓冲溶液放置时间较长，氨水浓度降低时，应重新配制。

配制缓冲溶液时加入 MgEDTA 是为了使某些含镁较低的水样滴定终点更为敏锐。如果备有市售 MgEDTA 试剂，则可直接称取 1.25gMgEDTA，加入 250ml 缓冲溶液中。

以铬黑 T 为指示剂，用 Na_2EDTA 滴定钙、镁离子时，pH 值在 9.7～11 范围内，溶液愈偏碱性，滴定溶液愈敏锐。但可使碳酸钙和氢氧化镁沉淀，从而造成滴定误差。因此滴定 pH 值以 10 为宜。

（2）硫化钠溶液（50g/L）：称取 5.0g 硫化钠（$Na_2S \cdot 9H_2O$），溶于纯水中，并稀释至 100ml。

（3）盐酸羟胺溶液（10g/L）：称取 1.0g 盐酸羟胺（$NH_2OH \cdot HCl$），溶于纯水中，并稀释至 100ml。

（4）氰化钾溶液（10g/L）：称取 10.0g 氰化钾（KCN），溶于纯水中，并稀释至 100ml。

注意，此溶液剧毒！

（5）Na_2EDTA 标准溶液 [$c(Na_2EDTA) = 0.01$mol/L]：称取 3.72g 乙二胺四乙酸二钠（$Na_2C_{10}H_{14}N_2O_8 \cdot 2H_2O$）溶解于 1000ml 纯水中，按下述步骤标定其准确浓度。

1）锌标准溶液：称取 0.6～0.7g 纯锌粒，溶于盐酸溶液（1＋1）中，置于水浴上温热至完全溶解，移入容量瓶中，定容至

1000ml，并按式（2.3.1）计算锌标准溶液的浓度：

$$c(\mathrm{Zn}) = \frac{m}{65.39} \qquad (2.3.1)$$

式中　$c(\mathrm{Zn})$ ——锌标准溶液的浓度，mol/L；

　　　　m——锌的质量，g；

　　　　65.39——1mol 锌的质量，g。

2）吸取 25.00ml 锌标准溶液于 150ml 锥形瓶中，加入 25ml 纯水，加入几滴氨水调节溶液至近中性，再加 5ml 缓冲溶液和 5 滴铬黑 T 指示剂，在不断振荡下，用 $\mathrm{Na_2EDTA}$ 溶液滴定至不变的纯蓝色，按式（2.3.2）计算 $\mathrm{Na_2EDTA}$ 标准溶液的浓度：

$$c(\mathrm{Na_2EDTA}) = \frac{c(\mathrm{Zn}) \times V_2}{V_1} \qquad (2.3.2)$$

式中　$c(\mathrm{Na_2EDTA})$ ——$\mathrm{Na_2EDTA}$ 标准溶液的浓度，mol/L；

　　　　$c(\mathrm{Zn})$ ——锌标准溶液的浓度，mol/L；

　　　　V_1——消耗 $\mathrm{Na_2EDTA}$ 溶液的体积，ml；

　　　　V_2——所取锌标准溶液的体积，ml。

（6）铬黑 T 指示剂：称取 0.5g 铬黑 T（$C_{20}H_{12}O_7N_3SNa$）用乙醇 $[\varphi(C_2H_5OH) = 95\%]$ 溶解，并稀释至 100ml。放置于冰箱中保存，可稳定一个月。

4. 仪器

（1）锥形瓶，150ml。

（2）滴定管，10ml 或 25ml。

5. 分析步骤

（1）吸取 50ml 水样（硬度过高的水样，可取适量水样，用纯水稀至 50ml，硬度过低的水样，可取 100ml），置于 150ml 锥形瓶中。

（2）加入 1～2ml 缓冲溶液，5 滴铬黑 T 指示剂，立即用 $\mathrm{Na_2EDTA}$ 标准溶液滴定至溶液从紫红色成为不变的纯蓝色为止，同时做空白试验，记下用量。

（3）若水样中含有金属干扰离子，使滴定终点延迟或颜色发暗，可另取水样，加入 0.5ml 盐酸羟胺及 1ml 硫化钠溶液或 0.5ml 氰化钾溶液再行滴定。

（4）水样中钙、镁的重碳酸盐含量较大时，要预先酸化水样，并加热除去二氧化碳，以防碱化后生成碳酸盐沉淀，影响滴定时反应的进行。

（5）水样中含悬浮性或胶体有机物可影响终点的观察。可预先将水样蒸干并于 550℃ 灰化，用纯水溶解残渣后再行滴定。

6. 计算

总硬度以式（2.3.3）计算：

$$\rho(CaCO_3) = \frac{(V_1 - V_0) \times c \times 100.09 \times 1000}{V} \quad (2.3.3)$$

式中　$\rho(CaCO_3)$——总硬度（以 $CaCO_3$ 计），mg/L；

　　　　V_0——空白滴定所消耗乙二胺四乙酸二钠标准溶液的体积，ml；

　　　　V_1——滴定中消耗乙二胺四乙酸二钠标准溶液的体积，ml；

　　　　c——乙二胺四乙酸二钠标准溶液的浓度，mol/L；

　　　　V——水样体积，ml；

　　　100.09——与 1.00ml 乙二胺四乙酸二钠标准溶液 $[c(Na_2EDTA) = 1.000mol/L]$ 相当的以毫克表示的总硬度（以 $CaCO_3$ 计）。

2.3.2.2　乙二胺四乙酸二钠滴定法测总硬度的方法（步骤）示意

1. 缓冲溶液配置

缓冲溶液配置所用试剂见图 2.3.4，缓冲溶液配置步骤见图 2.3.5。

图 2.3.4　缓冲溶液配置所用试剂

（a）量取 143ml 氨水

（b）将 16.9g 氯化胺溶于 143ml 氨水

（c）量取 50ml 纯水

（d）称取 0.780g 硫酸镁（$MgSO_4 \cdot 7H_2O$）
及 1.178g 乙二胺四乙酸二钠
（$Na_2EDTA \cdot 2H_2O$），溶于 50ml 纯水中

图 2.3.5（一）　缓冲溶液配置步骤

（e）将溶液转移至锥形瓶

（f）加入2ml氯化铵-氢氧化铵溶液（步骤b）和5滴铬黑T指示剂，溶液呈紫红色

（g）若为纯蓝色，应再加极少量硫酸镁使溶液呈紫红色

（h）用Na₂EDTA标准溶液滴定至溶液由紫红色变为纯蓝色

（i）将滴定至纯蓝色的溶液与氯化铵-氢氧化铵溶液（步骤b）合并，并用纯水稀释至250ml，配成缓冲溶液

图2.3.5（二） 缓冲溶液配置步骤

2. 检测步骤

滴定法测总硬度所用试剂见图2.3.6，检测步骤见图2.3.7。

图 2.3.6　检测所用试剂

（a）吸取 50.0ml 水样置于锥形瓶同时取 50.0ml 蒸馏水置于锥形瓶（做空白实验，其步骤与水样检测一样）

（b）加入 1～2ml 缓冲溶液

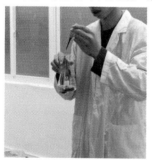

（c）加 5 滴铬黑 T 指示剂

（d）立即用 Na_2EDTA 标准溶液滴定至溶液从紫红色成为不变的纯蓝色为止

图 2.3.7（一）　检测步骤

（e）（续）用 Na₂EDTA 标准溶液滴定至溶从紫红色成为不变的纯蓝色为止。

记录用量（水样用量为 V_1，空白的为 V_0）

图 2.3.7（二）　检测步骤

2.3.3　溶解性总固体

2.3.3.1　称量法测定溶解性总固体的标准检验方法

1. 范围

《生活饮用水标准检验方法》（GB/T 5750—2006）规定了用称量法测定生活饮用水及其水源水的溶解性总固体。

称量法适用于生活饮用水及其水源水中溶解性总固体的测定。

2. 原理

（1）水样经过滤后，在一定温度下烘干，所得的固体残渣称为溶解性总固体，包括不易挥发的可溶性盐类、有机物及能通过过滤器的不溶性微粒等。

（2）烘干温度一般采用 105℃±3℃。但 105℃的烘干温度不能彻底除去高矿化水样中盐类所含的结晶水。采用 180℃±3℃的烘干温度，可得到较为准确的结果。

（3）当水样的溶解性总固体中含有多量的氯化钙、硝酸钙、氯化镁、硝酸镁时，由于这些化合物具有强烈的吸湿性使称量不能恒定质量。此时可在水样中加入适量碳酸钠溶液而得到改进。

3. 仪器

（1）分析天平，感量 0.1mg。

（2）水浴锅。

（3）电恒温干燥箱。

（4）瓷蒸发皿，100ml。

（5）干燥器：用硅胶作干燥剂。

（6）中速定量滤纸或滤膜（孔径 $0.45\mu m$）及相应滤器。

4. 试剂

碳酸钠溶液（10g/L）：称取 10g 无水碳酸钠（Na_2CO_3），溶于纯水中，稀释至 1000ml。

5. 分析步骤

（1）溶解性总固体（在 105℃±3℃烘干）。

1）将蒸发皿洗净，放在 105℃±3℃烘箱内 30min，取出，于干燥器内冷却 30min。

2）在分析天平上称量，再次烘烤、称量，直至恒定质量（两次称量相差不超过 0.0004g）。

3）将水样上清液用滤器过滤。用无分度吸管吸取过滤水样 100ml 于蒸发皿中，如水样的溶解性总固体过少时可增加水样体积。

4）将蒸发皿置于水浴上蒸干（水浴液面不要接触皿底）。将蒸发皿移入 105℃±3℃烘箱内，1h 后取出。干燥器内冷却 30min，称量。

5）将称过质量的蒸发皿再放入 105℃±3℃烘箱内 30min，干燥器内冷却 30min 称量，直至恒定质量。

（2）溶解性总固体（在 180℃±3℃烘干）。

1）按步骤（1）将蒸发皿在 180℃±3℃烘干并称量至恒定质量。

2）吸取 100ml 水样于蒸发皿中，精确加入 25ml 碳酸钠溶液于蒸发皿内，混合均匀。同时做一个只加 25ml 碳酸钠溶液的空白。计算水样结果时应减去碳酸空白的质量。

6. 计算

$$P(TDS) = \frac{(m_1 - m_0) \times 1000 \times 1000}{V} \qquad (2.3.4)$$

式中　$P(TDS)$——水样中溶解性总固体的质量浓度，mg/L；

　　　　m_0——蒸发皿的质量，g；

　　　　m_1——蒸发皿和溶解性总固体的质量，g；

　　　　V——水样的体积，ml。

7. 精密度和准确度

279 个实验室测定溶解性总固体为 170.5mg/L 的合成水样，105℃烘干，测定的相对标准偏差为 4.9%，相对误差为 2.0%；204 个实验室测定同一合成水样，180℃烘干测定的相对标准差为 5.4%，相对误差为 0.4%。

2.3.3.2　称量法测溶解性总固体的方法（步骤）示意

称量法测溶解性总固体的步骤见图 2.3.8。

（a）将蒸发皿洗净，放在105℃±3℃
烘箱内 30min

（b）干燥器内冷却 30min 后在分析
天平上称量

（c）再次烘烤、称量，直至恒定质量

（d）将水样上清液用滤器过滤

图 2.3.8（一）　称量法测溶解性总固体步骤

（e）用无分度吸管吸取过滤水样
100ml于蒸发皿中

（f）将蒸发皿置于水浴上蒸干

（g）将蒸发皿移入105℃±3℃烘箱内，
1h后取出，干燥器内冷却30min

（h）称量

图2.3.8（二）　称量法测溶解性总固体步骤

（i）将称过质量的蒸发皿再放入105℃
±3℃烘箱内30min，干燥器内
冷却30min称量

（j）称量，直至恒定质量

图 2.3.8（三）　称量法测溶解性总固体步骤

2.3.4　硫酸盐

2.3.4.1　铬酸钡分光光度法（热法）测定硫酸盐的标准检测方法

1. 范围

《生活饮用水标准检验方法》（GB/T 5750—2006）规定了用铬酸钡分光光度法（热法）测定生活饮用水及其水源水中的硫酸盐。

铬酸钡分光光度法适用于生活饮用水及其水源水中可溶性硫酸盐的测定。

铬酸钡分光光度法最低检测质量为 0.25mg，若取 50ml 水样测定，则最低检测质量浓度为 5mg/L。

铬酸钡分光光度法适用于测定硫酸盐浓度为 5～200mg/L 的水样。水样中碳酸盐可与钡离子形成沉淀干扰测定，但经加酸煮沸后可消除其干扰。

2. 原理

在酸性溶液中，铬酸钡与硫酸盐生成硫酸钡沉淀和铬酸离子。将溶液中和后，过滤除去多余的铬酸钡和生成的硫酸钡，滤液中即为硫酸盐所取代出的铬酸离子，呈现黄色，比色定量。

3. 试剂

（1）硫酸盐标准溶液 $[\rho\,(SO_4^{2-})\,=1mg/ml]$：称取 1.478g 无水硫酸钠（$Na_2SO_4$）或 1.8141g 无水硫酸钾（$K_2SO_4$），溶于纯水中，并定容至 1000ml。

（2）铬酸钡悬浊液：称取 19.44g 铬酸钾（K_2CrO_4）和 24.44g 氯化钡（$BaCl_2\cdot2H_2O$），分别溶于 1000ml 纯水中，加热至沸，将两种溶液于 3000ml 烧杯中混合，使生成黄色铬酸钡沉淀，待沉淀下降后，倾出上层清液。每次用 1000ml 纯水以倾泻法洗涤沉淀 5 次，加纯水至 1000ml 配成悬浊液。每次使用前混匀。

注：每 5ml 悬浊液约可沉淀 48mg 硫酸盐。

（3）氨水（1+1）：取氨水（$\rho_{20}=0.88g/ml$）与纯水等体积混合。

（4）盐酸溶液 $[c(HCl)\,=2.5mol/L]$：取 208ml 盐酸（$\rho_{20}=1.19g/ml$）加纯水稀释至 1000ml。

4. 仪器

（1）具塞比色管：50ml 和 25ml。

（2）分光光度计。

5. 分析步骤

（1）吸取 50ml 水样，置于 150ml 锥形瓶中。

注：本法所用玻璃仪器不能用重铬酸钾洗液处理，为防止实验中污染的影响，锥形瓶临用前用盐酸溶液（1+1）处理后并用自来水及纯水淋洗干净。

（2）另取 150ml 锥形瓶 8 个，分别加入 0ml、0.25ml、0.50ml、1.00ml、3.00ml、5.00ml、7.00ml 和 10.00ml 硫酸盐标准溶液，各加纯水至 50ml。

（3）向水样及标准系列中各加 1ml 盐酸溶液，加热煮沸 5min 左右，以分解除去碳酸盐的干扰。各加铬酸钡悬浊液，再煮沸 5min 左右（此时溶液体积约为 25ml）。

（4）取下锥形瓶，各瓶逐滴加入氨水至液体呈柠檬黄色，再多加 2 滴。

（5）冷却后，移入 50ml 具塞比色管，加纯水至刻度，摇匀。

（6）将上述溶液通过干的慢速定量滤纸过滤，弃去最初 5ml 滤液，收集滤液于干燥的 25ml 比色管中，于 420nm 波长，用 0.5cm，以纯水作参比，测量吸光度。

注：若采用 440nm 波长，应使用 1cm 比色皿，低于 4mg 的硫酸盐系列可采用 3cm 比色皿。

（7）绘制工作曲线，从曲线上看出样品管中硫酸盐质量。

6. 计算

水样中硫酸盐（以 SO_4^{2-} 计）质量浓度计算见式（2.3.5）：

$$\rho(SO_4^{2-}) = \frac{m \times 1000}{V} \qquad (2.3.5)$$

式中　　$\rho(SO_4^{2-})$——水样中硫酸盐（以 SO_4^{2-} 计）质量浓度，mg/L；

　　　　m——从工作曲线查得样品中硫酸盐的质量，mg；

　　　　V——水样体积，ml。

7. 精密度和准确度

20 个实验室测定硫酸盐浓度为 20.0mg/L 的合成水样，含其他离子浓度（mg/L）为：硝酸盐 25.0；氯化物 1.25；其相对标准偏差为 3.0%，相对误偏差为 1.0%。

2.3.4.2　铬酸钡分光光度法（热法）测硫酸盐的方法（步骤）

铬酸钡分光光度法测硫酸盐所用试剂见图 2.3.9，检测步骤见图 2.3.10。

图 2.3.9　检测所用试剂

（a）吸取 50ml 水样，置于 150ml 锥形瓶中

（b）另取 150ml 锥形瓶 8 个，分别加入 0ml、0.25ml、0.50ml、1.00ml、3.00ml、5.00ml、7.00ml 和 10.00ml 硫酸盐标准溶液 $[\rho(SO_4^{2-})=1mg/ml]$

（c）各加纯水至 50ml

图 2.3.10（一）　铬酸钡分光光度法（热法）测硫酸盐方法

(d) 向水样及标准系列中各加 1ml 盐酸溶液 $[c(HCl)=2.5mol/L]$

(e) 加热煮沸 5min 左右

(f) 各加铬酸钡悬浊液（见前述试剂）

图 2.3.10（二）　铬酸钡分光光度法（热法）测硫酸盐方法

（g）再煮沸 5min 左右（此时溶液体积约为 25ml）

（h）取下锥形瓶，各瓶逐滴加入氨水（见前述试剂）至液体呈柠檬黄色，
再多加 2 滴

（i）冷却后，移入 50ml 具塞比色管

图 2.3.10（三） 铬酸钡分光光度法（热法）测硫酸盐方法

(j) 加纯水至刻度，摇匀

(k) 将上述溶液通过干的慢速定量滤纸过滤

(l) 弃去最初 5ml 滤液，收集滤液于干燥的 25ml 比色管中

图 2.3.10（四）　铬酸钡分光光度法（热法）测硫酸盐方法

2.3.4.3 数据处理

标准曲线绘制及计算过程参照本书"2.3 净水工艺与出厂检测指标的检测方法举例","7. 铁"中"3）数据处理"部分。

2.3.5 氯化物

2.3.5.1 硝酸银容量法测定氯化物的标准检验方法

1. 范围

《生活饮用水标准检验方法》（GB/T 5750—2006）规定了用硝酸银容量法测定饮用水及其水源水中的氯化物。

硝酸银容量法适用于生活饮用水及其水源水中氯化物的测定。

硝酸银容量法最低检测质量为 0.05mg，若取 50ml 水样测定，则最低检测质量浓度为 1.0mg/L。溴化物及碘化物均能引起相同反应，并以相当于氯化物的质量计入结果，硫化物、亚硫酸盐、硫代硫酸盐及超过 15mg/L 的耗氧量可干扰本法测定，亚硫酸盐等干扰可用过氧化氢处理除去，耗氧量较高的水样可用高锰酸钾处理或蒸干后灰化处理。

2. 原理

硝酸银与氯化物生成氯化银沉淀，过量的硝酸银与铬酸钾指示剂反应生成红色铬酸银沉淀，指示反应到达终点。

3. 试剂

（1）高锰酸钾。

（2）乙醇 $[\varphi(C_2H_5OH) = 95\%]$。

（3）过氧化氢 $[\omega(H_2O_2) = 30\%]$。

（4）氢氧化钠溶液（2g/L）。

（5）硫酸溶液 $[c(1/2H_2SO_4) = 0.05mol/L]$。

（6）氢氧化铝悬浊液：称取 125g 硫酸铝钾 $[KAl(SO_4)_2 \cdot 12H_2O]$ 或硫酸铝铵 $[NH_4Al(SO_4)_2 \cdot 12H_2O]$，溶于 1000ml 纯水中，加热至 60℃，缓缓加入 55ml 氨水（$\rho_{20} = 0.88g/ml$），使氢氧化铝沉淀完全。充分搅拌后静置，弃去上清液，用纯水反复洗涤沉淀，至倾出上清液中不含氯离子（用硝酸银硝酸溶液试验）为止。然后加入 300ml 纯水成悬浮液，使用前振摇均匀。

（7）铬酸钾溶液（50g/L），称取 5g 铬酸钾（K_2CrO_4），溶于少量纯水中，滴加硝酸银标准溶液至生成红色不褪为止，混匀，静置 24h 后过滤，滤液用纯水稀释至 100ml。

（8）氯化钠标准溶液［$\rho(Cl^-) = 0.5mg/ml$］：称取经 700℃烧灼 1h 的氯化钠（NaCl）8.2420g，溶于纯水中并稀释至 1000ml。吸取 10ml，用纯水稀释至 100ml。

（9）硝酸银标准溶液［$c(AgNO_3) = 0.01400mol/L$］：称取 2.4g 硝酸银（$AgNO_3$），溶于纯水，并定容至 1000ml。储存于棕色试剂瓶内。用氯化钠标准溶液标定。

吸取 25ml 氯化钠标准溶液，置于瓷发蒸皿内，加纯水 25ml。另取一瓷蒸发皿，加 50ml 纯水作为空白，各加 1ml 铬酸钾溶液，用硝酸银标准溶液滴定，直至产生淡橘黄色为止，按式（2.3.6）计算硝酸银的浓度。

$$m = \frac{25 \times 0.50}{V_1 - V_0} \qquad (2.3.6)$$

式中　m——1.00ml 硝酸银标准溶液相当于氯化物（Cl^-）的质量，mg；

　　　V_0——滴定空白的硝酸银标准溶液用量，ml；

　　　V_1——滴定氯化钠标准溶液的硝酸银标准溶液用量，ml。

根据标定的浓度，校正硝酸银标准溶液的浓度，使 1ml 相当于氯化物 0.50mg（以 Cl^- 计）。

酚酞指示剂（5g/L）：称取 0.5g 酚酞（$C_{20}H_{14}O_4$），溶于 50ml 乙醇中，加入 50ml 纯水，并滴加氢氧化钠溶液使溶液呈微红色。

4. 仪器

（1）锥形瓶：250ml。

（2）滴定管：25ml，棕色。

（3）无分度吸管：50ml 和 25ml。

5. 分析步骤

（1）水样预处理。

1）对有色的水样，取 150ml，置于 250ml 锥形瓶中。加 2ml 氢氧化铝悬浮液，振荡均匀，过滤，弃去初滤液 20ml。

2）对含有亚硫酸盐和硫化物的水样：将水样用氢氧化钠溶液调节至中性或弱碱性，加入 1ml 过氧化氢，搅拌均匀。

3）对耗氧量大于 15mg/L 的水样：加入少许高锰酸钾晶体，煮沸，然后加入数滴乙醇还原过多的高锰酸钾，过滤。

（2）测定。

1）吸取水样或经过预处理的水样 50ml（或适量水样加纯水稀释至 50ml）。置于瓷蒸发皿内，另取一瓷蒸发皿，加入 50ml 纯水，作为空白。

2）分别加入 2 滴酚酞指示剂或氢氧化钠溶液调节至溶液红色恰好褪去。各加 1ml 铬酸钾溶液，用硝酸银标准溶液滴定，同时用玻璃棒不停搅拌，直至溶液生成橘黄色为止。

注：本标准只能在中性溶液中进行确定，因为在酸性溶液中铬酸银溶解度增高，滴定终点时，不能形成铬酸银沉淀，在碱性溶液中将形成氧化银沉淀。

铬酸钾指示终点的最佳浓度为 1.3×10^{-2} mol/L。但由于铬酸钾的颜色影响终点的观察，实际使用的浓度为 50ml 样品中加入 1ml 铬酸钾溶液（50g/L）其浓度为 5.1×10^{-2} mol/L，同时用空白滴定值予以校正。

6. 计算

水样中氯化物（以 Cl^- 计）的质量浓度计算见式（2.3.7）：

$$\rho(Cl^-) = \frac{(V_1 - V_0) \times 0.50 \times 1000}{V} \qquad (2.3.7)$$

式中　　$\rho（Cl^-）$——水样中氯化物（Cl^- 计）的质量浓度，mg/L；

V_0——空白试验消耗硝酸银标准溶液的体积，ml；

V_1——水样消耗硝酸银标准溶液的体积，ml；

V——水样体积，ml。

7. 精密度和准确度

75 个实验室用本标准测定含氯化物 87.9mg/L 和 18.4mg/L

的合成水样（含其他离子浓度为氟化物 1.30 和 0.43；硫酸盐 93.6 和 7.2；可溶性固体 338 和 54；总硬度 136mg/L 和 20.7mg/L）。其相对标准偏差分别为 2.1％和 3.9％，相对误差分别为 3.0％和 2.2％。

2.3.5.2 硝酸银容量法测氯化物的方法（步骤）示意

1. 硝酸银标准溶液的标定

硝酸银标准溶液的标定步骤见图 2.3.11。

（a）吸取 25ml 氯化钠标准溶液（按说明配制），置于瓷发蒸皿内，加纯水 25ml

（b）另取一瓷蒸皿，加 50ml 纯水作为空白

图 2.3.11（一） 硝酸银标准溶液的标定

（c）各加1ml铬酸钾溶液（按说明配制）

（d）用硝酸银标准溶液（按说明配制）滴定

（e）滴定直至产生淡橘黄色为止，计算结果

图2.3.11（二）　硝酸银标准溶液的标定

2. 测定步骤

硝酸银容量法测氯化物的所用试剂见图 2.3.12，测试步骤见图 2.3.13。

图 2.3.12　测定用试剂

（a）吸取水样或经过预处理的水样 50ml（或适量水样加纯水稀释至 50ml），置于瓷蒸发皿内

（b）另取一瓷蒸发皿加入 50ml 纯水，作空白用

图 2.3.13（一）　硝酸银容量法测氯化物方法

（c）分别加入 2 滴酚酞指示剂（按说明）或氢氧化钠溶液（按说明配制）调节至溶液红色恰好褪去

（d）各加 1ml 铬酸钾溶液（按说明配制）

（e）用硝酸银标准溶液（按说明配制）滴定，同时用玻璃棒搅拌

图 2.3.13（二） 硝酸银容量法测氯化物方法

（f）直至溶液生成橘黄色为止

图 2.3.13（三）　硝酸银容量法测氯化物方法

2.3.6　硝酸盐氮

2.3.6.1　麝香草酚分光光度法测定硝酸盐氮的标准检验方法

1. 范围

《生活饮用水标准检验方法》（GB/T 5750—2006）规定了用麝香草酚分光光度法测定生活饮用水及其水源水中的硝酸盐氮。

麝香草酚分光光度法适用于生活饮用水及其水源水中硝酸盐氮的测定。

麝香草酚分光光度法最低检测质量为 $0.5\mu g$ 硝酸盐氮，若取 1ml 水样测定，则最低检测质量浓度为 0.5mg/L。

亚硝酸盐对本标准呈正干扰，可用氨基磺酸铵除去；氯化物对本标准呈负干扰，可用硫酸银消除。

2. 原理

硝酸盐和麝香草酚在浓硫酸溶液中形成硝基酚化合物，在碱性溶液中发生分子重排，生成黄色化合物，比色测定。

3. 试剂

（1）氨水（$\rho_{20}=0.88g/ml$）。

（2）乙酸溶液（1+4）。

（3）氨基磺酸铵溶液（20g/L）：称取 2.0g 氨基磺酸铵（$NH_4SO_3NH_2$），用乙酸溶液（3.2）溶解，并稀释为 100ml。

（4）麝香草酚乙醇溶液（5g/L）：称取 0.5g 麝香草酚 $[(CH_3)(C_3H_7)C_6H_3OH，Thymol，又名百里酚]$，溶于无水乙醇中，并稀释至 100ml。

（5）硫酸银硫酸溶液（10g/L）：称取 1.0g 硫酸银（Ag_2SO_4），溶于 100ml 硫酸（$\rho_{20}=1.84g/ml$）中。

（6）硝酸盐氮标准储备溶液 $[\rho(NO_3^- - N)=1mg/ml]$：称取 7.2180g 经 $105\sim110℃$ 干燥 1h 的硝酸钾（KNO_3），溶于纯水中，并定容至 1000ml。加 2ml 三氯甲烷为保存剂。

（7）硝酸盐氮标准使用溶液 $[\rho(NO_2^- - N)=10\mu g/ml]$：吸取 5.00ml 硝酸盐氮标准储备溶液定容至 500ml。

4. 仪器

（1）具塞比色管：50ml。

（2）分光光度计。

5. 分析步骤

（1）取 1ml 水样于干燥的 50ml 比色管中。

（2）另取 50ml 比色管 6 支，分别加入硝酸盐氮标准使用溶液 0ml、0.05ml、0.10ml、0.30ml、0.50ml、0.70ml 和 1.00ml，用纯水稀释至 1.00ml。

（3）向各管加入 0.1ml 氨基磺酸铵溶液，摇匀后放置 5min。

（4）各加 0.2ml 麝香草酚乙醇溶液。

注：由比色管中央直接滴加到溶液中，勿沿管壁流下。

（5）摇匀后加 2ml 硫酸银硫酸溶液，混匀后放置 5min。

（6）加 8ml 纯水，混匀后滴加氨水至溶液黄色到达最深，并使氯化银沉淀溶解为止（约加 9ml）。加纯水至 25ml 刻度，混匀。

（7）于 415nm 波长，2cm 比色皿，以纯水为参比，测量吸光度。

（8）绘制标准曲线，从曲线上查出样品中硝酸盐氮的质量。

6. 计算

水样中硝酸盐氮的质量浓度计算见式（2.3.8）：

$$\rho(NO_3^- - N)=\frac{m}{V} \qquad (2.3.8)$$

式中 $\rho(NO_3^- - N)$ ——水样中硝酸盐氮的质量浓度，mg/L；

　　　　　m——从标准曲线查得硝酸盐氮的质量，μg；

　　　　　V——水样体积，ml。

　7. 精密度和准确度

　4个实验室用标准测定含 5.6mg/L 硝酸盐氮的合成水样，相对标准偏差为 3.8%，相对误差为 1.4%。

2.3.6.2　麝香草酚分光光度法测硝酸盐氮的方法（步骤）示意

　　麝香草酚分光光度法测硝酸盐氮的所用试剂见图 2.3.14，测定步骤见图 2.3.15。

图 2.3.14　测定用试剂

（a）取 1.00ml 水样于干燥的 50ml 比色管中

图 2.3.15（一）　麝香草酚分光光度法测硝酸盐氮

（b）另取 50ml 比色管 6 支，分别加入硝酸盐氮标准使用溶液（按说明配制）0ml、0.05ml、0.10ml、0.30ml、0.50ml、0.70ml和1.00ml

（c）用纯水稀释至 1.00ml

（d）向各管加入 0.1ml 氨基磺酸铵溶液，摇匀后放置 5min

图 2.3.15（二）　麝香草酚分光光度法测硝酸盐氮

（e）各加 0.2ml 麝香草酚乙醇溶液（按说明配制）（由比色管中央直接滴加到溶液中，勿沿管壁流下）

（f）摇匀

（g）加 2ml 硫酸银硫酸溶液（按说明配制），混匀后放置 5min

图 2.3.15（三）　麝香草酚分光光度法测硝酸盐氮

（h）加 8ml 纯水

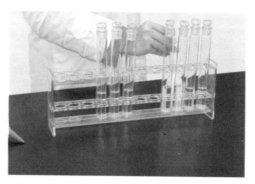

（i）混匀后滴加氨水（按说明配制）至溶液黄色到达最深，并使氯化银沉淀溶解为止（约加 9ml）

（j）加纯水至 25ml 刻度，混匀

图 2.3.15（四）　麝香草酚分光光度法测硝酸盐氮

（k）于 415nm 波长，2cm 比色皿，以纯水为参比，测量吸光度

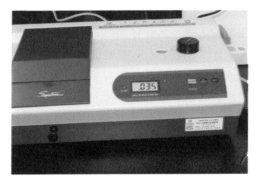

（l）测量吸光度

图 2.3.15（五）　麝香草酚分光光度法测硝酸盐氮

2.3.6.3　数据处理

标准曲线绘制及计算过程参照本书"2.3 净水工艺与出厂检测指标的检测方法举例"，"7. 铁"中"数据处理"部分。

2.3.7　铁

2.3.7.1　二氮杂菲分光光度法测定铁的标准检验方法

1. 范围

《生活饮用水标准检验方法》（GB/T 5750—2006）规定了用二氮杂菲分光光度法测定生活饮用水及其水源水中的铁。

二氮杂菲分光光度法适用于生活饮用水及其水源水中铁的测定。

二氮杂菲分光光度法最低检测质量为 $2.5\mu g$（以 Fe 计），若取 50ml 水样，则最低检测质量浓度为 0.05mg/L。

钴、铜超过 5mg/L，镍超过 2mg/L，锌超过铁的 10 倍时有干扰。铋、镉、汞、钼和银可与二氮杂菲试剂产生浑浊。

2. 原理

在 pH 值为 3～9 条件下，低价铁离子与二氮杂菲生成稳定的橙色络合物，在波长 510mm 处有最大吸收。二氮杂菲过量时，控制溶液 pH 值为 2.9～3.5，可使显色加快。

水样先经加酸煮沸溶解难溶的铁化合物，同时消除氰化物、亚硝酸盐、多磷酸盐的干扰。加入盐酸羟胺将高价铁还原为低价铁，消除氧化剂的干扰。水样过滤后，不加盐酸羟胺，可测定溶解性低价铁含量。水样过滤后，加盐酸溶液和盐酸羟胺，测定结果为溶解性总铁含量。水样先经加酸煮沸，使难溶性铁的化合物溶解，经盐酸羟胺处理后，测定结果为总铁含量。

3. 试剂

（1）盐酸溶液（1+1）。

（2）乙酸铵缓冲溶液（pH 值为 4.2）：称取 250g 乙酸铵（$NH_4C_2H_3O_2$），溶于 150ml 纯水中，再加入 700ml 冰乙酸，混匀备用。

（3）盐酸羟胺溶液（100g/L）：称取 10g 盐酸羟胺（$NH_2OH \cdot HCl$），溶于纯水中，并稀释至 100ml。

（4）二氮杂菲溶液（1.0g/L）：称取 0.1g 二氮杂菲（$C_{12}H_8N_2 \cdot H_2O$，又名 1，10 -二氮杂菲，邻二氮菲或邻菲绕啉，有水合物及盐酸盐两种，均可用），溶解于加有 2 滴盐酸（$\rho_{20}=1.19g/L$）的纯水中，并稀释至 100ml。此溶液 1ml 可测定 $100\mu g$ 以下的低铁。

（5）铁标准储备溶液 $[\rho(Fe)=100\mu g/ml]$：称取 0.7022g 硫酸亚铁铵$[(NH_4)_2Fe(SO_4)_2 \cdot 6H_2O]$，溶于少量纯水，加入 3ml 盐酸（$\rho_{20}=1.19g/L$），于容量瓶中，用纯水定容成 1000ml。

（6）铁标准使用溶液 $[\rho(Fe)=10.0\mu g/ml]$：10.00ml 铁标

准储备液，移入容量瓶中，用纯水定容至 100ml，使用时现配。

4．仪器

（1）锥形瓶：150ml。

（2）具塞比色管：50ml。

（3）分光光度计。

注：所有玻璃器皿每次使用前均需用稀硝酸浸泡除铁。

5．分析步骤

（1）吸取 50.0ml 混匀的水样（含铁量超过 $50\mu g$ 时，可取适量水样加纯水稀释至 50ml）于 150ml 锥形瓶中。

注：总铁包括水体中悬浮性铁和微生物体中的铁，取样时应剧烈振摇均匀，并立即吸取，以防止重复测定结果之间出现很大的差别。

（2）另取 150ml 锥形瓶 8 个，分别加入铁标准使用溶液 0ml、0.25ml、0.50ml、1.00ml、2.00ml、3.00ml、4.00ml 和 5.00ml，各加纯水至 50ml。

（3）向水样及标准系列锥形瓶中各加 4ml 盐酸溶液和 1ml 盐酸羟胺溶液，小火煮沸浓缩至约 30ml，冷却至室温后移入 50ml 比色管中。

（4）向水样及标准系列比色管中各加 2ml 二氮杂菲溶液，混匀后再加 10.0ml 乙酸铵缓冲溶液，各加纯水至 50ml，混匀，放置 10～15min。

乙酸铵试剂可能含有微量铁，故缓冲溶液的加入量要准确一致。

若水样较清洁，含难溶亚铁盐少时，可将所加各种试剂量减半。但标准系列与样品应一致。

（5）于 510nm 波长，用 2cm 比色皿，以纯水为参比，测量吸光度。

（6）绘制标准曲线，从曲线上查出样品管中铁的质量。

6．计算

水样中总铁（Fe）的质量浓度计算见式（2.3.9）：

$$\rho(\text{Fe}) = \frac{m}{V} \qquad\qquad (2.3.9)$$

式中 $\rho(\text{Fe})$ ——水样中总铁（Fe）的质量浓度，mg/L；

m ——从标准曲线上查得样品管中铁的质量，μg；

V ——水样体积，ml。

7. 精密度和准确度

有 39 个实验室用本法测定含铁 150μg/L 的合成水样，其他金属离子浓度（μg/L）为：汞 5.1；锌 39；镉 29；锰 130。相对标准偏差为 18%，相对误差为 13%。

2.3.7.2 二氮杂菲分光光度法测定铁的方法（步骤）示意

二氮杂菲分光光度法测定铁所用试剂见图 2.3.16，所用仪器见图 2.3.17。

图 2.3.16 测定所用试剂

图 2.3.17 测定所用仪器

1. 铁标准使用溶液 [$\rho(Fe)$ =10.0μg/ml] 的配制

铁标准使用溶液的配制步骤见图 2.3.18。

（a）取 10ml 铁标准储备液

（b）移入容量瓶中

（c）用纯水定容至 100ml，备用

图 2.3.18　铁标准使用溶液的配制

2. 分析步骤

分析步骤见图 2.3.19。

（a）吸取50ml混匀的水样于150ml锥形瓶中

（b）取150ml锥形瓶8个

（c）分别加入铁标准使用溶液0ml、0.25ml、0.50ml、1.00ml、2.00ml、
3.00ml、4.00ml和5.00ml

图2.3.19（一）　分析步骤

（d）各加纯水至 50ml

（e）向水样及标准系列锥形瓶中各加 4ml 盐酸溶液和 1ml 盐酸羟胺溶液

（f）小火煮沸浓缩至约 30ml

图 2.3.19（二） 分析步骤

（g）冷却至室温

（h）移入 50ml 比色管中

（i）向水样及标准系列比色管中各加 2ml 二氮杂菲溶液

图 2.3.19（三） 分析步骤

（j）混匀后再加 10ml 乙酸铵缓冲溶液

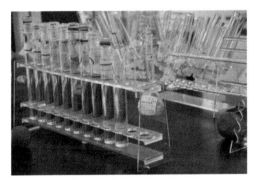

（k）摇匀后静置

（l）各加纯水至 50ml

图 2.3.19（四）　分析步骤

（m）混匀，放置 10～15min

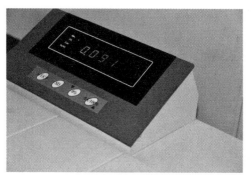

（n）于 510nm 波长，用 2cm 比色皿，以纯水为参比，测量吸光度

图 2.3.19（五） 分析步骤

3. 数据处理（绘制标准曲线，从曲线上查出样品管中铁的质量）

（1）在 Excel 表中依次输入上述分析中标准系列比色管中的含铁量和对应的吸光度（图 2.3.20）。

（2）计算"扣除空白吸光度"（图 2.3.21）。

（3）扣除空白吸光度＝各项吸光度－含铁量等于 0 时对应的吸光度（图 2.3.22）。本例中含铁量等于 0 时对应的吸光度为 0.061，故扣除空白吸光度＝各项吸光度－0.061。

（4）扣除空白吸光度的计算结果（图 2.3.23）。

（5）鼠标左键选中"含铁量"、"扣除空白吸光度"两行，即图 2.3.24 中标蓝数据。

图 2.3.20　Excel 表输入二价铁实验数据

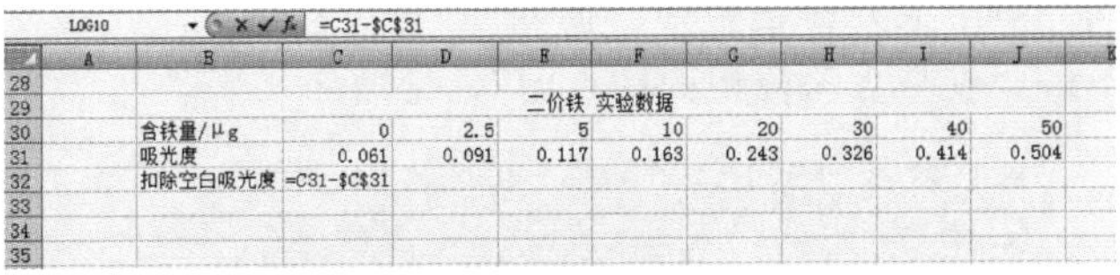

图 2.3.21　计算"扣除空白吸光度"

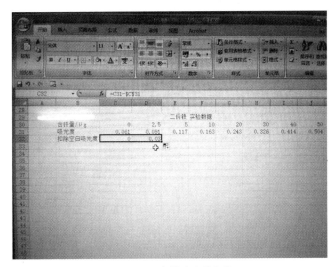

图 2.3.22　扣除空白吸光度

图 2.3.23 计算结果

图 2.3.24 选中标蓝数据

（6）单击上方标题栏中"插入"，单击对话框中"散点图"，继续单击"仅带数据标记的散点图"，见图 2.3.25。

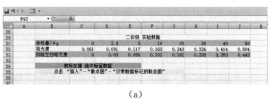

（a）

（b）

图 2.3.25 插入"散点图"

（7）形成下列图形（图 2.3.26）。

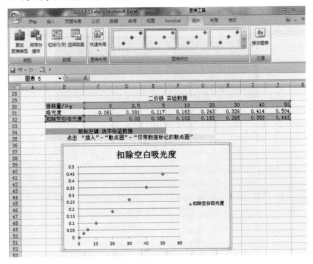

图 2.3.26 "散点图"

（8）右键单击某一数据点，在对话框中单击"添加趋势线"
（图 2.3.27）。

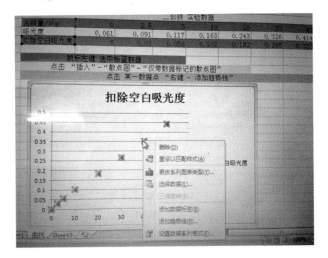

图 2.3.27 添加趋势线

（9）出现下面对话框（图 2.3.28），选中"线性"、"自动"、"显示公式"、"显示 R 平方值"。

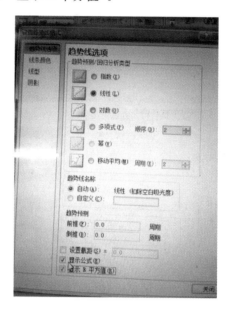

图 2.3.28　选中指标

（10）得出下列图形和方程（图 2.3.29）。图中直线即为标准曲线，方程为回归方程。

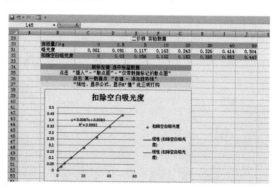

图 2.3.29　得到图形和方程

（11）将测得水样的吸光度，即方程的 y 值代入图 2.3.29 中的回归方程，求解 x 值，即为水样中总铁的含量 m。再代入公式：$\rho(\text{Fe}) = \dfrac{m}{V}$，即可算出水样中总铁浓度 ρ，单位是 $\mu g/ml$。

【例 2.3.1】 若水样吸光度值为 0.068，计算水样中总铁浓度。

解：将吸光度值 0.068 代入方程 $y = 0.0087x + 0.0083$，即 $0.068 = 0.0087x + 0.0083$

求得：$x = 6.86$，该值即为 50ml 水样中总铁含量（μg）

故：$\rho(\text{Fe}) = \dfrac{m}{V} = 6.86/50 = 0.14(\mu g/ml) = 0.14(mg/L)$

2.3.8 游离余氯

2.3.8.1 N，N-二乙基对苯二胺（DPD）分光光度法测定游离余氯的标准检验方法

1. 范围

《生活饮用水标准检验方法》（GB/T 5750—2006）规定了 N，N-二乙基对苯二胺（DPD）分光光度法测定生活饮用水及其水源水中的游离余氯。

N，N-二乙基对苯二胺（DPD）分光光度法适用于经氯化消毒后的生活饮用水及其水源水中游离余氯和各种形态的化合性余氯的测定。

N，N-二乙基对苯二胺（DPD）分光光度法最低检测质量为 0.1μg，若取 10ml 水样测定，则最低检测质量浓度为 0.01mg/L。

高浓度的一氯胺对游离余氯的测定有干扰，可用亚砷酸盐或硫代乙酰胺控制反应以除去干扰。氧化锰的干扰可通过做水样空白扣除。铬酸盐的干扰用硫代乙酰胺排除。

2. 原理

DPD 与水中游离余氯迅速反应而产生红色。在碘化物催化下，一氯胺也能与 DPD 反应显色。在加入 DPD 试剂前加入碘化物时，一部分三氯胺与游离余氯一起显色，通过变换试剂的加入顺序可测得三氯胺的浓度。本法可用高锰酸钾溶液配制永久性标准系列。

3. 试剂

（1）碘化钾晶体。

（2）碘化钾溶液（5g/L）：称取 0.50g 碘化钾（KI），溶于新煮沸放冷的纯水中，并稀释至 100ml，储存于棕色瓶中，在冰箱中保存，溶液变黄应弃去重配。

（3）磷酸盐缓冲溶液（pH 值为 6.5）：称取 24g 无水磷酸氢二钠（Na_2HPO_4），46g 无水磷酸二氢钾（KH_2PO_4），0.8g 乙二胺四乙酸二钠（Na_2EDTA）和 0.02g 氯化汞（$HgCl_2$）。依次溶解于纯水中稀释至 1000ml。

注：$HgCl_2$ 可防止霉菌生长，并可消除试剂中微量碘化物对游离余氯测定造成的干扰。$HgCl_2$ 剧毒，使用时切勿入口或接触皮肤和手指。

（4）N，N-二乙基对苯二胺（DPD）溶液（1g/L）：称取 1.0g 盐酸 N，N-二乙基对苯二胺[$H_2N \cdot C_6H_4 \cdot N(C_2H_5)_2 \cdot 2HCl$]，或 1.5g 硫酸 N，N-二乙基对苯二胺[$H_2N \cdot C_6H_4 \cdot N(C_2H_5)_2 \cdot H_2SO_4 \cdot 5H_2O$]，溶解于含 8ml 硫酸溶液（1+3）和 0.2g Na_2EDTA 的无氯纯水中，并稀释至 1000ml 储存于棕色瓶中，在冷暗处保存。

注：DPD 溶液不稳定，一次配制不宜过多，储存中如溶液颜色变深或褪色，应重新配制。

（5）亚砷酸钾溶液（5.0g/L）：称取 5.0g 亚砷酸钾（$KAsO_2$）溶于纯水中，并稀释至 1000ml。

（6）硫代乙酰胺溶液（2.5g/L）：称取 0.25g 硫代乙酰胺（CH_3CSNH_2），溶于 100ml 纯水中。

注：硫代乙酰胺是可疑致癌物，切勿接触皮肤或吸入。

（7）无需氯水：在无氯纯水中加入少量氯水或漂粉精溶液，使水中总余氯浓度约为 0.5mg/L。加热煮沸除氯。冷却后备用。

注：使用前可加入碘化钾用本作业指导书检验其总余氯。

（8）氯标准储备溶液 $[\rho(Cl_2) = 1000\mu g/ml]$：称取 0.8910g 优级纯高锰酸钾（$KMnO_4$），用纯水溶解并稀释至 1000ml。

注：用含氯水配制标准溶液，步骤繁琐且不稳定。经试验，标准溶液中高锰酸钾量与 DPD 所标示的余氯生成的红色相似。

（9）氯标准使用溶液 $[\rho(Cl_2) = 1\mu g/ml]$：吸取 10.0ml 氯标准储备溶液，加纯水稀释至 100ml。混匀后取 1.00ml 再稀释至 100ml。

4. 仪器

（1）分光光度计。

（2）具塞比色管，10ml。

5. 分析步骤

（1）标准曲线绘制：吸取 0ml、0.1ml、0.5ml、2.0ml、4.0ml 和 8.0ml 氯标准使用溶液置于 6 支 10ml 具塞比色管中，用无需氯水稀释至刻度。各加入 0.5ml 磷酸盐缓冲溶液，0.5ml DPD 溶液，混匀，于波长 515nm，1cm 比色皿，以纯水为参比，测量吸光度，绘制标准曲线。

（2）吸取 10ml 水样置于 10ml 比色管中，加入 0.5ml 磷酸盐缓冲溶液，0.5ml DPD 溶液，混匀，立即于 515nm 波长，1cm 比色皿，以纯水为参比，测量吸光度，记录读数为 A，同时测量样品空白值，在读数中扣除。

注：如果样品中一氯胺含量过高，水样可用亚砷酸盐或硫代乙酸酰胺进行处理。

（3）继续向上述试管中加入一小粒碘化钾晶体（约 0.1mg），混匀后，再测量吸光度，记录读数为 B。

注：如果样品中二氯胺含量过高，可加入 0.1ml 新配制的碘化钾溶液（1g/L）。

（4）再向上述试管加入碘化钾晶体（约 0.1g），混匀，2min 后，测量吸光度，记录读数为 C。

（5）另取两支 10ml 比色管，取 10ml 水样于其中一支比色管中，然后加入一小粒碘化钾晶体（约 0.1mg），混匀，于第二支比色管中加入 0.5ml 缓冲溶液和 0.5ml DPD 溶液，然后将此混合液倒入第一管中，混匀。测量吸光度，记录读数为 N。

6. 计算

游离余氯和各种氯胺，根据存在的情况计算，见表 2.3.2。

表 2.3.2　　　　　　　　游离余氯和各种氯胺

读　　数	不含三氯胺的水样	含三氯胺的水样
A	游离余氯	游离余氯
B−A	一氯胺	一氯胺
C−B	二氯胺	二氯胺＋50％三氯胺
N		游离余氯＋50％三氯胺
2（N−A）		三氯胺
C−N		二氯胺

根据表 2.3.2 中读数从标准曲线查出水样中游离余氯和各种化合余氯的含量，按式（2.3.10）计算水样中余氯的含量

$$\rho(Cl_2) = \frac{m}{V} \qquad\qquad (2.3.10)$$

式中　$\rho(Cl_2)$——水样中余氯的质量浓度，mg/L；

　　　m——从标准曲线上查得余氯的质量，μg；

　　　V——水样体积，ml。

7. 精密度和准确度

5 个实验室用本规范测定 0.75mg/L 及 3.0mg/L 余氯样品，相对标准偏差范围分别为 2.5％～16.9％ 及 1％～8.5％。以 0.05mg/L 作加标试验，平均回收率为 97％～108％，加标质量浓度为 0.3～0.5mg/L。平均回收率为 90％～103％；加标质量浓度为 1.0～3.0mg/L 时，平均回收率为 94％～106％。

2.3.8.2　N，N−二乙基对苯二胺（DPD）分光光度法测定游离余氯的方法（步骤）示意

检测所用仪器及试剂见图 2.3.30。

图 2.3.30 检测所用仪器、试剂

1. 氯标准使用溶液 $[\rho(Cl_2) = 1\mu g/ml]$ 配制

氯标准使用溶液的配制见图 2.3.31。

（a）吸取 10ml 氯标准储备（见试剂）溶液

（b）置于 100ml 容量瓶

图 2.3.31（一） 氯标准使用溶液的配制

（c）加纯水稀释至 100ml

（d）混匀后取 1ml

（e）再稀释至 100ml，混匀备用

图 2.3.31（二）　氯标准使用溶液的配制

2. 分析步骤

分析步骤见图 2.3.32。

（a）吸取 0ml、0.1ml、0.5ml、2.0ml、4.0ml 和 8.0ml 氯标准使用溶液

（b）置于 6 支 10ml 具塞比色管中

（c）用无需氯水（见试剂）稀释至刻度

（d）各加入 0.5ml 磷酸盐缓冲溶液

图 2.3.32（一）　分光光度法测游离余氯法

（e）再各加入 0.5ml DPD 溶液，混匀

（f）于波长 515nm，1cm 比色皿，以纯水为参比，测量吸光度，绘制标准曲线

（g）吸取 10ml 水样

（h）置于 10ml 比色管中

图 2.3.32（二）　分光光度法测游离余氯法

（i）加入 0.5ml 磷酸盐缓冲溶液，0.5ml DPD 溶液，混匀

（j）立即于 515nm 波长，1cm 比色皿，以纯水为参比，测量吸光度，记录读数为 A，同时测量样品空白值，在读数中扣除

（k）继续向上述试管中加入一小粒碘化钾晶体（约 0.1mg），混匀

（l）再测量吸光度，记录读数为 B

图 2.3.32（三）　分光光度法测游离余氯法

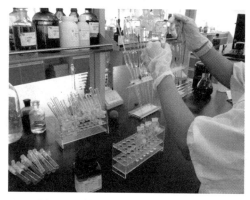

（m）再向上述试管加入碘化钾晶体（约 0.1g），混匀

（n）14.2min 后，测量吸光度，记录读数为 C

（o）另取两支 10ml 比色管，取 10ml 水样于其中一支比色管中

图 2.3.32（四）　分光光度法测游离余氯法

（p）加入一小粒碘化钾晶体（约 0.1mg）混匀

（q）于第二支比色管中加入 0.5ml
缓冲溶液（已配制）和 0.5ml DPD
溶液（已配制）

（r）将此混合液倒入第一管中，混匀

（s）测量吸光度，记录读数为 N

图 2.3.32（五）　分光光度法测游离余氯法

3. 计算

根据表 2.3.2 中读数从标准曲线查出水样中游离余氯和各种化合余氯的含量，按上述式（2.3.10）计算水样中余氯的含量。

标准曲线绘制及计算方法等参照本书"2.3 净水工艺与出厂水检测指标方法举例"，"7. 铁"中"3）数据处理"部分。

2.4 管网及管网末梢水检测指标的检测方法举例

2.4.1 菌落总数

2.4.1.1 平皿计数法测定菌落总数的标准检验方法

1. 范围

《生活饮用水标准检验方法》（GB/T 5750—2006）规定了用平皿计数法测定生活饮用水及其水源水中的菌落总数。

平皿计数法适用于生活饮用水及其水源水中菌落总数的测定。

2. 术语和定义

菌落总数（standard plate-count bacteria）：水样在营养琼脂上有氧条件下 37℃ 培养 48h 后，所得 1ml 水样所含菌落的总数。

3. 培养基与试剂（营养琼脂）

（1）成分：蛋白胨 10g；牛肉膏 3g；氯化钠 5g；琼脂 10～20g；蒸馏水 1000ml。

（2）制法：将上述成分混合后，加热溶解，调整 pH 值为 7.4～7.8，分装于玻璃容器中（如用含杂质较多的琼脂时，应先过滤），经 103.43kPa（121℃，151b）灭菌 20min，储存于冷暗处备用。

4. 仪器

（1）高压蒸汽灭菌器。

（2）干热灭菌器。

（3）培养箱 36℃±1℃。

（4）电炉。

（5）天平。

（6）冰箱。

（7）放大镜或菌落计数器。

（8）pH 计或精密 pH 试纸。

（9）灭菌试管，平皿（直径 9cm），刻度吸管，采样瓶等。

5. 检验步骤

（1）生活饮用水。

1）以无菌操作方法用灭菌吸管吸取 1ml 充分混匀的水样，注入灭菌平皿中，倾注约 15ml 已融化并冷却到 45℃左右的营养琼脂培养基，并立即旋摇平皿，使水样与培养基充分混匀。每次检验时应做一平行接种，同时另用一个平皿只倾注营养琼脂培养基作为空白对照。

2）待冷却凝固后，翻转平皿，使底面向上，置于 36℃±1℃培养箱内培养 48h，进行菌落计数，即为水样 1ml 的菌落总数。

（2）水源水。

1）以无菌操作方法吸取 1ml 充分混匀的水样，注入盛有 9ml 灭菌生理盐水的试管中，混匀成 1∶10 稀释液。

2）吸取 1∶10 稀释液 1ml 注入盛有 9ml 灭菌生理盐水的试管中，混匀成 1∶100 稀释液。按同法依次稀释成 1∶1000、1∶10000 稀释液等备用。如此递增稀释依次，必须更换一支 1ml 灭菌吸管。

3）用灭菌吸管取未稀释的水样和 2~3 个适宜稀释度的水样 1ml，分别注入灭菌平皿中。以下操作同生活饮用水的检验步骤。

6. 菌落计数及报告方法

作平皿菌落计数时，可用眼睛直接观察，必要时用放大镜检查，以防遗漏。在记下各平皿的菌落数后，应求出同稀释度的平均菌落数，供下一步计算时应用。在求同稀释度的平均数时，若其中一个平皿有较大片状菌落生长时，则不宜采用，而应以无片状菌落生长的平皿作为该稀释度的平均菌落数。若片状菌落不到平皿的一半，而其余一半中菌落数分布又很均匀，则可将此半皿计数后乘以 2 以代表全皿菌落数。然后再求该稀释度的平均菌落数。

7. 不同稀释度的选择及报告方法

（1）选择平均菌落数在 30～300 之间者进行计算，若只有一个稀释度的平均菌落数符合此范围时，则将该菌落数乘以稀释倍数报告之（见表 2.4.1 中实例 1）。

（2）若有两个稀释度，其生长的菌落数均在 30～300 之间，则视二者之比值来决定，若其比值小于 2 应报告两者的平均数（如表 2.4.1 中实例 2）。若大于 2 则报告其中稀释度较小的菌落总数（人表 2.4.1 中实例 3）。若等于 2 报告其中稀释度较小的菌落数（见表 2.4.1 中实例 4）。

（3）若所有稀释度的平均菌落数均小于 300，则应以按稀释度最高的平均菌落数乘以稀释倍数报告之（见表 2.4.1 中实例 5）。

（4）若所有稀释度的平均菌落数均小于 30，则应以按稀释度最低的平均菌落数乘以稀释倍数报告之（见表 2.4.1 中实例 6）。

（5）若所有稀释度的平均菌落数均均不在 30～300 之间，则应以按最接近 30 或 300 的平均菌落数乘以稀释倍数报告之（见表 2.4.1 中实例 7）。

（6）若所有稀释度的平板上均无菌落生长，则以未检出报告。

（7）如果所有平板上都布满菌落，不要用"多不可计"报告，而应在稀释度最大的平板上，任意数其中 2 个平板 $1cm^2$ 中的菌落数，除 2 求出每平方厘米内的平均菌落数，乘以皿底面积 $63.6cm^2$，再乘其稀释倍数做报告。

（8）菌落计数的报告：菌落数在 100 因时按实有数报告，大于 100 时，采用两位有效数字，在两位有效数字后面的数值，以四舍五入方法计算，为了缩短数字后面的零数也可用 10 的指数来表示。

表 2.4.1　　　　　　　　　　稀释度选择及菌落总数报告方式

实例	不同稀释度的平均菌落数			两个稀释度菌落数之比	菌落总数/(CFU/ml)	报告方式/(CFU/ml)
	10^{-1}	10^{-2}	10^{-3}			
1	1365	164	20	—	16400	16000 或 1.6×10^4
2	2760	295	46	1.6	37750	38000 或 3.8×10^4
3	2890	271	60	2.2	27100	27000 或 2.7×10^4
4	150	30	8	2	1500	1500 或 1.5×10^3
5	多不可计	1650	513	—	13000	510000 或 5.1×10^4
6	27	11	5	—	2700	270 或 2.7×10^2
7	多不可计	305	12	—	30500	31000 或 3.1×10^4

2.4.1.2　平皿计数法测定菌落总数的方法（步骤）示意

检测所用仪器设备见图 2.4.1。

（a）试剂、仪器

（b）高温蒸汽灭菌器

图 2.4.1（一）　检测所用的仪器设备

（c）培养箱

（d）营养琼脂

图 2.4.1（二） 检测所用的仪器设备

1. 营养琼脂配制

营养琼脂配制步骤见图 2.4.2。

（a）称量成品营养琼脂

图 2.4.2（一） 营养琼脂的配制

（b）加入 1000ml 蒸馏水

（c）溶解混匀

（d）加热混匀

图 2.4.2（二）　营养琼脂的配制

（e）分装于锥形瓶中

（f）封口

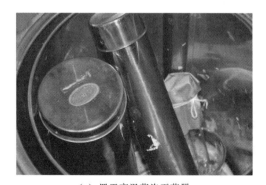

（g）置于高温蒸汽灭菌器

图 2.4.2（三） 营养琼脂的配制

（h）经 103.43kPa（121℃，151b）灭菌 20min

图 2.4.2（四）　营养琼脂的配制

2. 检验步骤（以水源水为例）

检验步骤见图 2.4.3。

（a）对相关仪器置于高温蒸汽灭菌器

（b）经 103.43kPa（121℃，151b）灭菌 20min

图 2.4.3（一）　平皿计数法测定菌落总数

（c）进入无菌室前清洗双手，消毒

（d）以无菌操作方法吸取1ml充分混匀的水样，注入盛有9ml灭菌生理盐水的
试管中，混匀成1∶10稀释液

（e）更换一支1ml灭菌吸管，吸取1∶10稀释液1ml注入盛有9ml灭菌生理
盐水的试管中，混匀成1∶100稀释液

图 2.4.3（二）　平皿计数法测定菌落总数

（f）用灭菌吸管取未稀释的水样和 1∶10、1∶100 稀释度的水样 1ml，分别
注入灭菌平皿中

（g）向注入水样的平皿中倾注约 15ml 已融化并冷却到 45℃左右的营养琼脂
培养基，并立即旋摇平皿，使水样与培养基充分混匀

（h）同时另用一个平皿只倾注营养琼脂培养基作为空白对照

图 2.4.3（三）　平皿计数法测定菌落总数

115

（i）待冷却凝固后，翻转平皿，使底面向上

（j）整理好平皿

（k）置于36℃±1℃培养箱内培养48h

图2.4.3（四）　平皿计数法测定菌落总数

(1) 按上述检验步骤（f）、（g）作菌落计数及报告

图 2.4.3（五）　平皿计数法测定菌落总数

2.4.2　总大肠菌群

2.4.2.1　多管发酵法测定总大肠菌群的标准检验方法

1. 范围

《生活饮用水标准检验方法》（GB/T 5750—2006）规定了用多管发酵法测定生活饮用水及其水源水中的总大肠菌群。

多管发酵法适用于生活饮用水及其水源水中总大肠菌群的测定。

2. 术语和定义

总大肠菌群（total coliforms）：总大肠菌群指一群在 37℃ 培养 24h 能发酵乳糖，产酸产气，需氧和兼性厌氧的革兰氏阴性无芽孢杆菌。

3. 培养基与试剂

（1）乳糖蛋白胨培养液。

1）成分：蛋白胨 10g；牛肉膏 3g；乳糖 5g；氯化钠 5g；溴

甲酚紫乙醇溶液（16g/L）1ml；蒸馏水1000ml。

2）制法：将蛋白胨、牛肉膏、乳糖及氯化钠溶于蒸馏水中，调整pH为7.2～7.4，再加入1ml 16g/L的溴化醇紫乙醇溶液，充分摇匀，分装于装有倒管得试管中，68.95kPa(115℃，101b)高压灭菌20min，储存于冷暗处备用。

（2）二倍浓缩乳糖蛋白胨培养液。按上述乳糖蛋白胨培养液，除蒸馏水外，其他成分分量加倍。

（3）伊红美蓝培养基。

1）成分：蛋白胨10g；乳糖10g；磷酸氢二钾2g；琼脂20～30g；蒸馏水1000ml；伊红水溶液（20g/L）20ml；美蓝水溶液（5g/L）13g。

2）制法：将蛋白胨、磷酸盐和琼脂溶解于蒸馏水中，校正pH值为7.2，加入乳糖，混匀后分装，以68.95kPa（115℃，101b）高压灭菌20min。临用时加热融化琼脂，冷却50～55℃，加入伊红和美蓝溶液，混匀，倾注平皿。

（4）革兰氏染色液。

1）结晶紫染色液。

成分：结晶紫1g；乙醇（95％，体积分数）20ml；草酸铵水溶液（10g/L）80ml。

制法：将结晶紫溶于乙醇中，然后与草酸铵溶液混合。

注：结晶紫不可用龙胆紫代替，前者是纯品，后者不是单一成分，易出现假阳性。结晶紫溶于放置过久会产生沉淀，不能再用。

2）革兰氏碘液。

成分：碘1g；碘化钾2g；蒸馏水300ml。

制法：将碘和碘化钾先进行混合，加入蒸馏水少许，充分振摇，待完全溶解后，再加蒸馏水。

3）脱色剂。

乙醇（95％，体积分数）。

4）沙黄复染液。

成分：沙黄 1.25g；乙醇（95％，体积分数）10ml；蒸馏水 90ml。

制法：将沙黄溶解于乙醇中，待完全溶解后加入蒸馏水。

5）染色法：将培养 18～24h 的培养物涂片；将涂片在火焰上固定，滴加结晶紫染色液，染 1min，水洗；滴加革兰氏碘液，作用 1min，水洗；滴加脱色剂，摇动玻片，直至无紫色脱落为止，约 30s，水洗；滴加复染剂，复染 1min，水洗，待干，镜检。

4. 仪器

（1）培养箱：36℃±1℃。

（2）冰箱：0～4℃。

（3）天平。

（4）显微镜。

（5）平皿：直径为 9cm。

（6）试管。

（7）分度吸管：1ml、10ml。

（8）锥形瓶。

（9）小倒管。

（10）载玻片。

5. 检验步骤

（1）乳糖发酵试验。

1）取 10ml 水样接种到 10ml 双料乳糖蛋白胨培养液中，取 1ml 水样接种到 10ml 单料乳糖蛋白胨培养液中，另取 1ml 水样注入 9ml 灭菌生理盐水中，混匀后吸取 1ml（即 0.1ml 水样）注入 10ml 单料乳糖蛋白胨培养液中，每一稀释度接种 5 管。

对已处理过的出厂自来水，需经常检验或每天检验一次的，可直接种 5 份 10ml 水样双料培养基，每份接种 10ml 水样。

2）检验水源时，如污染较严重，应加大稀释度，可接种 1ml、0.1ml、0.01ml 甚至 0.1ml、0.01ml、0.001ml，每个稀释度接种 5 管，每个水样共接种 15 管。接种 1ml 以下水样时，必须作 10 倍递增稀释后，取 1ml 接种，每递增一次，换用 1 支

1ml 灭菌刻度吸管。

3）将接种管置 36℃±1℃ 培养箱内，培养 24h±2h，如所有乳糖蛋白胨培养管都不产气产酸，则可报告为总大肠菌群阴性，如有产酸产气者，则按下列步骤进行。

（2）分离培养。将产酸产气的发酵管分别转种在伊红美蓝琼脂平板上，于 36℃±1℃ 培养箱内培养 18～24h，观察菌落形态，挑取符合下列特征的菌落作革兰氏染色，镜检和证实试验。

1）深紫黑色，具有金属光泽的菌落。

2）紫黑色，不带或略带金属光泽的菌落。

3）淡紫红色，中心较深的菌落。

（3）证实试验。经上述染色镜检为革兰氏阴性无芽孢杆菌，同时接种乳糖蛋白胨培养液，置 36℃±1℃ 培养箱内培养 24h±2h，有产酸产气者，即证实有总大肠菌群存在。

6. 结果报告

根据证实为总大肠菌群阳性的管数，查 MPN（Most Probable Number，最可能数）检索表，报告每 100ml 水样中的总大肠菌群最可能数（MPN）值。5 管法结果见表 2.4.2，15 管法结果见表 2.4.3。稀释样品查表后所得结果应承稀释倍数。如所有乳糖发酵管均阴性时，可报告总大肠菌群未检出。

表 2.4.2　用 5 份 10ml 水样时各种阳性和阴性结果
组合时的最可能数（MPN）

5 个 10ml 管中阳性管数	最可能数（MPN）
0	<2.2
1	2.2
2	5.1
3	9.2
4	16.0
5	>16

表 2.4.3 　　　　　　　总大肠菌群 MPN 检索表

（总接种量 55.5ml，其中 5 份 10ml，5 份 1ml，5 份 0.1ml 水样）

接种量/ml			总大肠菌群/	接种量/ml			总大肠菌群/
10	1	0.1	(MPN/ml)	10	1	0.1	(MPN/ml)
0	0	0	<2	1	0	0	2
0	0	1	2	1	0	1	4
0	0	2	4	1	0	2	6
0	0	3	5	1	0	3	8
0	0	4	7	1	0	4	10
0	0	5	9	1	0	5	12
0	1	0	2	1	1	0	4
0	1	1	4	1	1	1	6
0	1	2	6	1	1	2	8
0	1	3	7	1	1	3	10
0	1	4	9	1	1	4	12
0	1	5	11	1	1	5	14
0	2	0	4	1	2	0	6
0	2	1	6	1	2	1	8
0	2	2	7	1	2	2	10
0	2	3	9	1	2	3	12
0	2	4	11	1	2	4	15
0	2	5	13	1	2	5	17
0	3	0	6	1	3	0	8
0	3	1	7	1	3	1	10
0	3	2	9	1	3	2	12
0	3	3	11	1	3	3	15
0	3	4	13	1	3	4	17
0	3	5	15	1	3	5	19
0	4	0	8	1	4	0	11
0	4	1	9	1	4	1	13
0	4	2	11	1	4	2	15
0	4	3	13	1	4	3	17
0	4	4	15	1	4	4	19
0	4	5	17	1	4	5	22
0	5	0	9	1	5	0	13
0	5	1	11	1	5	1	15
0	5	2	13	1	5	2	17
0	5	3	15	1	5	3	19
0	5	4	17	1	5	4	22
0	5	5	19	1	5	5	24

接种量/ml			总大肠菌群/	接种量/ml			总大肠菌群/
10	1	0.1	（MPN/ml）	10	1	0.1	（MPN/ml）
2	0	0	5	3	0	0	8
2	0	1	7	3	0	1	11
2	0	2	9	3	0	2	13
2	0	3	12	3	0	3	16
2	0	4	14	3	0	4	20
2	0	5	16	3	0	5	23
2	1	0	7	3	1	0	11
2	1	1	9	3	1	1	14
2	1	2	12	3	1	2	17
2	1	3	14	3	1	3	20
2	1	4	17	3	1	4	23
2	1	5	19	3	1	5	27
2	2	0	9	3	2	0	14
2	2	1	12	3	2	1	17
2	2	2	14	3	2	2	20
2	2	3	17	3	2	3	24
2	2	4	19	3	2	4	27
2	2	5	22	3	2	5	31
2	3	0	12	3	3	0	17
2	3	1	14	3	3	1	21
2	3	2	17	3	3	2	24
2	3	3	20	3	3	3	28
2	3	4	22	3	3	4	32
2	3	5	25	3	3	5	36
2	4	0	15	3	4	0	21
2	4	1	17	3	4	1	24
2	4	2	20	3	4	2	28
2	4	3	23	3	4	3	32
2	4	4	25	3	4	4	36
2	4	5	28	3	4	5	40
2	5	0	17	3	5	0	25
2	5	1	20	3	5	1	29
2	5	2	23	3	5	2	32
2	5	3	26	3	5	3	37
2	5	4	29	3	5	4	41
2	5	5	32	3	5	5	45

接种量/ml			总大肠菌群/	接种量/ml			总大肠菌群/
10	1	0.1	（MPN/ml）	10	1	0.1	（MPN/ml）
4	0	0	13	5	0	0	23
4	0	1	17	5	0	1	31
4	0	2	21	5	0	2	43
4	0	3	25	5	0	3	58
4	0	4	30	5	0	4	75
4	0	5	36	5	0	5	95
4	1	0	17	5	1	0	33
4	1	1	21	5	1	1	46
4	1	2	26	5	1	2	63
4	1	3	31	5	1	3	84
4	1	4	36	5	1	4	110
4	1	5	42	5	1	5	130
4	2	0	22	5	2	0	49
4	2	1	26	5	2	1	70
4	2	2	32	5	2	2	94
4	2	3	38	5	2	3	120
4	2	4	44	5	2	4	150
4	2	5	50	5	2	5	180
4	3	0	27	5	3	0	79
4	3	1	33	5	3	1	110
4	3	2	39	5	3	2	140
4	3	3	45	5	3	3	180
4	3	4	52	5	3	4	210
4	3	5	59	5	3	5	250
4	4	0	41	5	4	0	130
4	4	1	48	5	4	1	170
4	4	2	56	5	4	2	220
4	4	3	64	5	4	3	280
4	4	4	72	5	4	4	350
4	4	5	81	5	4	5	430
4	5	0	41	5	5	0	240
4	5	1	48	5	5	1	350
4	5	2	56	5	5	2	540
4	5	3	64	5	5	3	920
4	5	4	72	5	5	4	1600
4	5	5	81	5	5	5	>1600

2.4.2.2 多管发酵法测定总大肠菌群的方法（步骤）示意

检测所用的仪器设备见图 2.4.4。

（a）仪器、试剂

（b）高压蒸汽灭菌器

（c）干热灭菌箱

图 2.4.4（一） 检测所用的仪器设备

（d）培养箱

图 2.4.4（二） 检测所用的仪器设备

1. 乳糖蛋白胨培养液及双倍浓缩乳糖蛋白胨培养液的配制

培养液的配制见图 2.4.5。

（a）称量成品乳糖蛋白胨培养液

（b）加入 1000ml 蒸馏水

图 2.4.5（一） 培养液的配制

（c）充分混匀

（d）加热

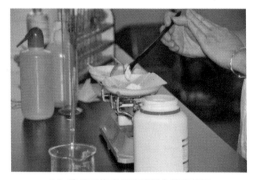

（e）称量双倍成品乳糖蛋白胨培养液

图 2.4.5（二）　培养液的配制

（f）加入 1000ml 蒸馏水

（g）充分混匀并加热，配成二倍浓缩乳糖蛋白胨培养液

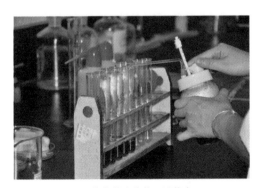

（h）将培养液分装于试管中

图 2.4.5（三） 培养液的配制

127

（i）试管中加入倒管

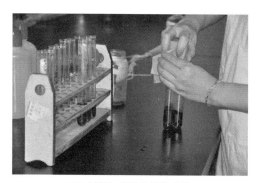

（j）试管加塞并几只绑成捆

（k）试管绑成捆

图 2.4.5（四） 培养液的配制

（l）高温高压灭菌

图 2.4.5（五） 培养液的配制

2. 检验步骤

检验步骤见图 2.4.6。

（a）取 1ml 水样接种到 10ml 单料乳糖蛋白胨培养液中

（b）取 10ml 水样接种到 10ml 双料乳糖蛋白培养液中

图 2.4.6（一） 多管发酵法测定总大肠菌群方法

（c）取 1ml 水样注入到 9ml 灭菌生理盐水中，混匀后吸取 1ml（即 0.1ml 水
样）注入到 10ml 单料乳糖蛋白胨培养液中，每一稀释度接种 5 管

（d）将接种试管分类并做记号

（e）将接种管置 36℃±1℃培养箱内，培养 24h±2h

图 2.4.6（二）　多管发酵法测定总大肠菌群方法

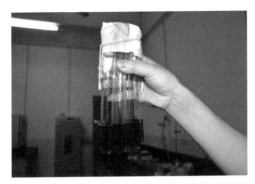

（f）如所有乳糖蛋白胨培养管都不产气、产酸，则可报告为总大肠菌群阴性

图 2.4.6（三）　多管发酵法测定总大肠菌群方法

第3章 村镇供水水质检测实验室管理

3.1 水质检测实验室建设简介

1. 实验室环境与设施

（1）根据检测项目及仪器设备的要求，建立相适应的实验室独立单元。有相应的隔离措施，对邻近区域的工作或检测项目无干扰。

（2）化验室应根据需要配置设备台、操作台、器皿柜（架）等，设备台和操作台应防水、耐酸碱及溶剂腐蚀。

（3）配置必要的恒温、恒湿设备，配置温、湿度计并有相应的记录。

（4）无菌操作的实验室应设立隔离间并有消毒杀菌装置。

（5）有良好的通风、防腐及上下水设施；满足各类仪器及检测项目的采光要求。

（6）化验室应有有害废液储存设施。

（7）化验室应配置灭火器。

2. 人员配备

（1）水质检测中心建设前，应先行落实水质检测专业技术人员，水质检测技术人员全程参与水质检测中心设计和建设。

（2）检测人员应有中专以上学历并掌握水环境分析、化学检验等相应专业基础知识与实际操作技能，经培训取得岗位证书。具备《生活饮用水卫生标准》（GB 5749—2006）中20项以上常规指标检测能力的水质检测中心应配备专门水质检测人员不少于3人，具备42项常规指标检测能力的水质检测中心应配备专门水质检测人员不少于6人。

（3）检测人员均应通过主要指标检测考试后才能正式上岗，

岗前操作考试应包括微生物指标、消毒剂余量、感官性状以及溶解性总固体、COD_{Mn}、氨氮、重金属等指标检测考试。

3.2 水质检测实验室日常管理

1. 实验室内务管理

（1）实验室工作人员应严格遵守各项规章制度，认真履行岗位职责。

（2）检测人员必须持证上岗。

（3）检测人员工作前必须穿工作服，保持检测实验室整洁、安静，室内严禁吸烟、进食、存放与化验无关的物品；严格按程序认真做好检测前的各项准备工作，严格按《作业指导书》进行分析仪器的相关规定操作，保证结果数据的准确性，发现问题及时报告，认真填写仪器使用登记表。

（4）测试完后及时清洗器皿，废酸和废碱应小心倒入废液缸内，一切用品用完后放归原处，保持清洁卫生并做好安全检查。

（5）认真负责、实是求是地填写测试原始记录，做到字迹清楚，记录完整，校对严格。

（6）对消防灭火器材应做到定期检查，不任意挪用，保证随时均可取用；检测实验室发生意外安全事故时，应迅速切断电源或气源、火源，立即采取有效措施及时处理，并上报有关领导。

（7）节约水电，离开化验室时要洗手并关好门窗、电闸、水阀及其他开关。

2. 实验室水样管理

（1）采样人员严格按有关采样技术标准和规范及采样方案的要求实施采样并做好记录。采样人员在采样现场与采样有关的信息实事求是地填写在采样单上，要求字迹工整、准确。采样单随水样一起流转，测试报告审核无误后一并归档保存。

（2）采样完毕必须按有关技术要求尽快送回检测实验室，及时与水样管理员交接水样，水样管理员验收完毕后填写《水样交接原始记录》，按水样保存要求保存，并按规定做好编码、留样等工作。

（3）水样管理人员在接收检测水样时，当对水样是否适合于检测存有疑问，或当水样不符合所提供的描述，或对所要求的检测规定得不够详尽时，水样管理人员应在开始工作之前询问采样人员，以得到进一步的说明，并记录其内容。若水样验收过程中，如发现编号错乱、标签缺损、字迹不清、监测项目不符、数量不足或采样不合要求者，水样管理人员应拒收，并建议纠正。

（4）检测实验室为防止水样识别管理上的混淆，应建立水样的唯一标识，该标识包括唯一性编号和待检、在检、已检三个检测状态。

（5）水样必须在规定的时间内送交检测实验室分析。水样在检测实验室内部流转过程中必须确保不被丢失、损坏、玷污和混淆，及时清理检测实验室内的已测水样与待测水样，分开存放，标志明显。

（6）水质取样点设置、时间间隔按《农村饮水安全工程水质检测中心建设导则》之规定，水样的保存要求按《水和废水监测分析方法》（第4版）之规定。

（7）测试结束后对有必要保存的水样及对水样有其他特殊要求的妥善保管。

（8）检测指标和频次可参照《农村饮水安全工程水质检测中心建设导则》的规定。

3. 实验室仪器设备管理

（1）仪器设备的校准。对测试结果有直接影响的仪器设备应由计量管理员制定校准计划。在投入使用前必须按照《测量溯源性控制程序》的规定进行校准，并加贴三色标志，以表明仪器设备所处的校准状态。仪器设备能够正常使用挂绿牌，存在某些缺陷挂黄牌，停用挂红牌，使操作人员了解仪器状况，以免误用，给测量带来失误。

（2）仪器设备的使用。

1）检测人员应经过培训，详细了解使用说明书内容，熟练掌握仪器设备的性能和操作程序后，方可开机操作，并按规定要求填写使用登记表。

2）对容易引起误操作或对测量结果可能产生影响的操作过程，则由仪器设备管理员起草详细的操作规程，应使操作人员在工作区内可及时方便地获取。

3）仪器设备有过载或错误操作、显示结果可疑时，应单独存放或加停用标识。对测试结果可能造成影响时，应采取措施及时处理。

（3）设备的维护保养和管理。

1）所有仪器设备应配备相应的设施环境，保证仪器设备的安全处置、使用和维护，确保仪器设备正常运转，避免仪器设备损坏或污染。

2）仪器设备管理员应经常性地对其保管的仪器设备进行维护保养、通电、去尘、去湿、加油及功能性检查，按照检查结果及时更换状态标识。便携式仪器到现场检测时，先将仪器设备放置于稳固的包装箱内，在运输过程中避免晃动，到达现场后放置于平稳的场所，符合规定要求后开机，检查状态并记录。

（4）仪器设备的修理和报废。

1）仪器设备发现故障或异常，采取紧急措施后，由设备管理员及时排除。无法排除的应由设备管理员提出申请，经实验室主任同意后，由进行维修或联系生产厂家进行维修。

2）修复后必须经过校准或功能检查，达到规定的技术要求后再投入使用，并将所有材料存档。对发现故障前一定时期内所校准/检测结果有怀疑的，由质量负责人进行追溯。

3）仪器设备的报废。对于不能修复的仪器设备，由设备管理员填写报废表，说明报废理由，申请降级或报废处理，报公司设备管理部门。

4. 实验室试剂和药品管理制度

（1）接收和入库。采购品到货后，由仓库管理员根据进货发票及采购申请单指定的质量技术要求或其他检测依据对货物的型号、规格、数量、合格证书、出厂证明、技术说明等进行逐项验收，合格后仓库管理员签名，办理入库，并建立相应的台账。

（2）储存分类。仓库中的物品分为化学试剂和其他实验物品。两类物品分开储存。

（3）化学试剂的存放。化学药品存放时要分类，按照使用项目分类。并且注意相容化合物不能混放。腐蚀性试剂宜放在塑料或搪瓷盘或桶中。要密切注意试剂特别是标准物质的存放期限，并按相关要求保存。

（4）试剂和易耗品的使用管理。常规化验室内每瓶试剂必须贴有明显的与内容物相符的标签，对于配制的试剂，应标明试剂名称、配制人、配置时间和有效期（必要时）。要求避光的试剂应装于棕色瓶中或用黑纸或黑布包好存于暗柜中。发现试剂瓶上标签掉落或将要模糊时应立即贴好标签。检测完毕后必须放回原处。

5. 检测实验室安全防护管理

（1）电气设备的安全管理。

1）检测人员须具备基本的安全用电常识。

2）各种电气设备及线路须绝缘良好，裸露的带电导体必须设置明显的警示标识。

3）所有用电设施须接地良好，并保持插头、插座的干燥清洁，经常检查有无漏电现象。

4）用电设施须保持负荷适中，严禁用铜、铝丝等代替保险丝。

5）所有高温电热仪器，须与易燃易爆品之间保持一定距离，以防起火。

6）在高温炉内或电炉上取放坩埚等器皿时，须先切断电源。

7）使用水浴锅时，须保持锅内一定的液面高度，以防干涸。

8）电器设备在工作时不得离人，工作完毕后及时切断电源。所有电器设备的安装、接线、维修，须由电工或仪器维修人员进行。

（2）化学试剂的安全管理。

1）化学试剂应贮存在专用的库房内，化验室只存放短期工作所需的小量试剂，且应与配置的试剂溶液分橱放置。

2）易燃、易爆试剂应根据其性质分别存放于温度 30℃ 以下的阴凉、通风处，远离火源，避免撞击；易产生污染其他试剂物质的试剂，应封装严密，与其他试剂分开储存；易产生气体的试剂，封装不可太严，并应放在通风良好的地方；有腐蚀性的瓶装试剂，应有塑料或搪瓷盘承托，以防破裂；易潮解或受潮后变质的试剂，应储于干燥器内；易挥发试剂应冷藏；对室温降低时，可变为固体的液体试剂（如发烟硫酸、苯酚、冰乙酸等），应采取防瓶裂措施。

3）贵重物品存放于保险柜内，实行双人双锁管理，剧毒品、危险品执行实验室《危险品管理规定》。

4）药品库要有专人保管，定期检查。

（3）压缩气体及液化气体的安全管理。

1）各种蓄气瓶应有明显标识，并放置于阴凉处气瓶柜内，避免光照，严禁烟火、热源，防止震动或撞击。

2）蓄气瓶的连接处不得使用可燃物衬垫，使用人员应定期检查气瓶的气密性。检查导管及其他配件有无漏气时，要用肥皂水，严禁用火焰测试，发现漏气，须立即维修。

3）使用压缩或液化气体时，须严格按照规定的气压操作，用后立即关闭阀门。

4）用完后的气瓶，应保持 2 个以上的大气压，以防再次冲气前引入杂质。

（4）实验室"三废"的安全管理。

1）互不混溶的有机溶液废液，应集中回收处理，以防燃烧或爆炸事故。

2）氰化物废液应调至偏碱性，然后加入漂白粉溶液使其分解。

3）汞、镉、铅、铬、砷等试剂，应尽量按需配置，避免无故废弃造成二次污染。

4）对废弃的检测水样及试剂、试液等，须设置专门收集容器，按"三废"排放管理规定统一集中处置。

3.3 水质检测数据质量控制

1. 信息管理

（1）对仪器设备、原始记录、检测报告等信息进行归档管理。

（2）化验室档案资料未经许可，不得随意删改和撤档。查阅、复印档案资料，必须履行登记手续。

（3）原始记录和检测报告应至少保存5年。

（4）建立农村饮水安全工程水质检测信息共享平台，按规定范围报送水质检测成果。未经批准，不得擅自对外发布水质检测信息和扩大送达范围。

2. 实验检测报告管理

农村饮水安全水质检测中心应当对水样检测结果出具完整、符合规范的检测报告，检测结果应当准确、清晰、明确、客观。报告应包括以下信息：

（1）标题名称。

（2）实验室名称，地址或检测地点。

（3）报告唯一识别号，每页序数，总页数。

（4）委托人姓名、地址（需要时）。

（5）水样特性和有关情况。

（6）水样接收日期，完成检测的日期和报告日期。

（7）检测方法描述。

（8）如果报告中包含委托方所进行的检测结果，则应明确地标明。

（9）对报告内容负责的人的签字和签发日期。

（10）在适用时，结果仅对被检测的水样有效的声明。

（11）未经实验室书面批准，不得部分复制报告（全复制除外）的声明。

3. 质量管理

（1）建立试剂配制、采样、各项检测指标检测的方法及其需要的仪器设备、药剂/试剂、操作步骤和注意事项等。

（2）明确试剂配制、采样、各项检测指标检测的质量负责人。

（3）质量控制措施应包括空白试验、平行样分析、加标分析、比对分析、标准曲线核查、留样复测、质量控制考核等。

（4）做好采样和检测过程记录。

（5）明确检测报告质量审核人，经审核人逐项指标审核后才能盖章生效。